乡村振兴书系

"十四五"时期国家重点出版物出版专项规划项目

江苏省重要农业文化遗产图景
卷一

JIANGSUSHENG ZHONGYAO NONGYE WENHUA YICHAN TUJING JUANYI

朱国兵 刘文俊 主编

中国农业科学技术出版社

图书在版编目（CIP）数据

江苏省重要农业文化遗产图景（卷一）/ 朱国兵，刘文俊主编. -- 北京：中国农业科学技术出版社，2024. 8. -- ISBN 978-7-5116-6911-7

Ⅰ. S

中国国家版本馆 CIP 数据核字第 2024QZ3537 号

责任编辑　朱　绯
责任校对　马广洋
责任印制　姜义伟　王思文

出 版 者	中国农业科学技术出版社
	北京市中关村南大街 12 号　　邮编：100081
电　　话	（010）82109707（编辑室）　　（010）82106624（发行部）
	（010）82109709（读者服务部）
网　　址	https://castp.caas.cn
经 销 者	各地新华书店
印 刷 者	北京建宏印刷有限公司
开　　本	185 mm×260 mm　1/16
印　　张	13.5
字　　数	315 千字
版　　次	2024 年 8 月第 1 版　　2024 年 8 月第 1 次印刷
定　　价	80.00 元

◆━━ 版权所有·侵权必究 ━━◆

《江苏省重要农业文化遗产图景（卷一）》

编委会

主　任：季　辉

副主任：朱国兵

委　员（以姓氏笔画为序）：

马天抒　马吉骁　王　悦　王云刚　王庆霖
卢　勇　仝　威　冯军阳　朱思柱　华　棣
伽红凯　沈宇力　张一恒　陈加晋　季中杨
孟德富　姜知雨　袁义马　聂文静　徐丙奇
蒋　鑫

主　编：朱国兵　刘文俊

副主编：伽红凯　王智伟

序 PREFACE

农业文化遗产是指人类与其所处环境长期协同发展中创造并传承的独特农业生产系统。我国是农业大国，农耕文化源远流长。在长期的农耕实践中，先民们积累了丰富的农耕经验，留下了极具价值的农业文化遗产。2002年，联合国粮农组织、联合国开发计划署等十余家国际组织联合发起全球重要农业文化遗产项目，中国是最早响应者和积极推动者之一。2012年，我国正式启动中国重要农业文化遗产评选工作，二十多年来，已认定188项中国重要农业文化遗产，展示了中华民族灿烂悠久、丰富多彩的优秀农耕文化。

习近平总书记指出，人类在历史长河中创造了璀璨的农耕文明，保护农业文化遗产是人类共同的责任。要把保护传承和开发利用有机结合起来，把我国农耕文明优秀遗产和现代文明要素结合起来，赋予新的时代内涵，让中华优秀传统文化生生不息，让我国历史悠久的农耕文明在新时代展现其魅力和风采。

江苏地处南北方过渡地带，滨江临海、四季分明，拥有得天独厚的农业生产条件，农耕文明源远流长，素有"鱼米之乡"的美誉。千百年来，勤劳善良的江苏先民耕植于这片沃土，积累了适应自然、改造自然的丰富经验，创造了多样化的农业生产模式，形成了完善的传统知识技术体系，造就了独特的农业生态景观，留下一批如兴化垛田传统农业系统、吴中茶果复合系统、高邮湖泊湿地农业系统、阳山水蜜桃栽培系统、吴江蚕桑文化系统等具有江苏特色的农耕遗珍。近年来，江苏省始终坚持科学识别、合理保护、有效利用，强化政策支持，十部门联合出台省级农业文化遗产保护工作实施意见，健全工作机制，形成从普查遴选、申报保护到利用传承的全链条工作体系，创新保护方式，在全国首创省级重要农业文化遗产名录，已遴选出32个省级重要农业文化遗产，加强宣传引导，推出农遗系列宣传片，讲好江苏农遗故事。目前，江苏省已有全球重要农业文化遗产1项，中国重要农业文化遗产10项。

江苏省农业农村厅认真贯彻落实中央和江苏省委、省政府部署要求，坚持在发掘中保护、在利用中传承，推动逐步形成具有江苏特色、符合省情民情的农业文化遗产新模式，

《江苏省重要农业文化遗产图景（卷一）》一书是江苏省农业农村厅与南京农业大学农业文化遗产团队在农业文化遗产研究方面合作的又一力作。该书理论与实践并重，以农业文化遗产为纲，探求人与自然和谐相处之道，在农业文化遗产理论研究的基础上，指出重要农业文化遗产赋能江苏乡村全面振兴的路径参考，相信不同领域的读者都能够从书中有所收获。此外，书中对江苏省域内的中国重要农业文化遗产、省级重要农业文化遗产进行了全景式呈现，以图文并茂的形式展现江苏省农业文化遗产的独特魅力。我相信，《江苏省重要农业文化遗产图景（卷一）》的出版将为江苏省农业文化遗产的保护与传承提供有益的参考和指导，为推进优秀农耕文化的创造性转化和创新性发展提供多元路径，让江苏农业文化遗产在新时代焕发新生机，为建设农业强、农村美、农民富的新时代鱼米之乡注入新动能！

编　者
2023年10月

重要农业文化遗产赋能江苏省乡村全面振兴的路径参考

全面推进乡村振兴战略是党中央立足"十四五"及"第二个百年奋斗目标"开篇之际，推动我国乡村现代化发展，进而实现全面脱贫的重要抓手与核心举措。2021年中央一号文件提出，全面推进乡村产业、人才、文化、生态、组织振兴，充分发挥农业产品供给、生态屏障、文化传承等功能，走中国特色社会主义乡村振兴道路。全面推进乡村振兴，需充分发挥文化传承等功能，在这一过程中，重要农业文化遗产作为乡土文化的结晶与载体承载了浓厚的乡土文化基因，其对于发挥文化传承功能以促进乡村文化发展，进而推动乡村全面振兴，具有重要意义。究其本质，重要农业文化遗产植根于悠久的农耕文明和长期的实践经验，其保护发展与乡村五大振兴目标高度契合。挖掘、开发和利用重要农业文化遗产，能够聚焦乡村特色产业，传承优秀农业文化传统，推进生态文明建设，实现人才与组织保障，助力乡村全面振兴。

江苏省厚植新时代鱼米之乡的文化底蕴，挖掘保护重要农业文化遗产，让农业文化遗产焕发新生机，为乡村全面振兴注入新动能。目前，江苏省有一处全球重要农业文化遗产（GIAHS）——兴化垛田传统农业系统，同时保有泰兴银杏栽培系统、高邮湖泊湿地农业系统、无锡阳山水蜜桃栽培系统、启东沙地圩田农业系统、吴中碧螺春茶果复合系统、吴江蚕桑文化系统、宿豫丁嘴金针菜生产系统在内的10项中国重要农业文化遗产（China-NIAHS）。2022年7月18日，国家主席习近平向全球重要农业文化遗产大会（浙江青田）致贺信，习近平主席强调，人类在历史长河中创造了璀璨的农耕文明，保护农业文化遗产是人类共同的责任，坚持在发掘中保护、在利用中传承，不断推进农业文化遗产保护实践。由此所兴起的遗产热为重要农业文化遗产的价值实现创造了良好的政策环境，但如何真正保护和传承好底蕴深厚、各具特色的重要农业文化遗产，又如何借力重要农业文化遗产赋能全面乡村振兴，是政学两界关注的重要议题。鉴于此，基于重要农业文化遗产的资源禀赋，探讨重要农业文化遗产赋能乡村全面振兴的路径选择，希冀为江苏省全面推进乡村振兴提供智力支撑。

一、文脉赓续与文化多样化传承，唤醒居民传统文化认同

重要农业文化遗产根植于乡村社会，其本身就是一种原生型的民间文化，镌刻着独特且丰富的农业文化基因，这些蕴含于重要农业文化遗产内部的传统精神信仰、民俗传说、诗词歌赋等优秀传统文化和民俗文化形式，是中华文明蓬勃发展的文化基础。地方志是一地之全史，是一地之百科全书。重要农业文化遗产正是通过发掘地方志，来还原遗产地世代耕种的农民所延续的精耕细作的农业生产模式，延续着极具智慧的农业生产技术，传承着巧用自然规律的农业思想和农耕精神，承载着遗产地居民这一群体的过去记忆，赓续文化血脉，还原过去的生活方式，以唤醒居民对传统文化的认同。例如吴中碧螺春茶文化、兴化垛田婚嫁习俗、启东沙地文化等反映了遗产地居民的生活习俗与文化特色，承载了遗产地的历史文化记忆，其所包含的精神价值体系是当地民间社会的重要精神纽带和支柱。

文化是民族之魂，在全面乡村振兴背景下，以重要农业文化遗产赋能乡村文化振兴，必然要构建起适宜新时代的农业文化遗产多样化传承模式。其一，挖掘重要农业文化遗产蕴含的农业历史、地方民俗，并加大力度宣传、开发，以增强地方群众对重要农业文化遗产的认同感并实现经济效益和文化价值的相互促进。其二，构建科学合理的多方参与的保护传承机制，积极搭建当地农户、企业同高校之间的长效合作平台，通过因地制宜的指导与加工深化，生产出符合遗产地特色的农业文化产品。其三，积极建设重要农业文化遗产博物馆，博物馆作为农耕文化的载体，一方面可以保存地方稀有的文化遗产，另一方面通过展览、教育、VR体验等方式向当地年轻人及外来的游客展示传统风貌，宣传地方文化，真正实现文化延续。

二、特色农业与三产融合发展，助力乡村产业兴旺

乡村全面振兴最大的发展动力便是产业振兴，而重要农业文化遗产作为一种活态资源，要通过特色农业和三产融合发展以摆脱乡村贫困和实现产业兴旺，已然成为一种共识。这一实践逻辑在于，一方面，特色农业发展与重要农业文化遗产一脉相承，只有农业发展高度特色化才有可能形成既体现地方特色又代表家国底色的重要农业文化遗产，即重要农业文化遗产正是各地特色农业系统的集萃与精华。此外，这些特色农业系统因具有合理的农业生产结构、浓厚地域特色的农产品以及较高的农业景观美学价值，对于推动乡村全面振兴具有超越传统农业的意义与价值。另一方面，基于重要农业文化遗产所蕴含的生物、生态、技术及文化等资源禀赋，通过特色农业相关产业联动集聚，推动生产要素跨界配置和遗产地特色农产品生产、加工、销售及休闲农业、文化旅游等相关产业的有机整合，延长产业链、提升价值链、拓宽增收链，促进重要农业文化遗产地一二三产业紧密连

接与融合发展，助力当地产业振兴。例如，江苏兴化垛田传统农业系统凭借其自然与人文历史资源禀赋，以"兴化香葱""兴化龙香芋"为基础，打造了脱水蔬菜等深加工产业，并利用良好的生态环境和民俗文化发展了休闲农业和文化旅游，三大产业实现了有机融合，为遗产地带来了社会、经济以及生态效应，助力当地产业振兴。

以重要农业文化遗产赋能乡村产业振兴，需从特色农业发展和三产融合两方面着力。具体到实践中，其一，特色农业品牌建设。一方面，标准化高品质产品是成就特色农业品牌的前提条件，通过全产业链和供应链的思想理念进行全程管理控制，实施农产品标准化，打造高标准高品质农产品，塑造遗产地特色农业品牌；另一方面，构建特色农业品牌宣传机制，借助微信、微博、抖音等新媒体平台拓宽宣传渠道，大力宣传遗产地特色农业品牌。其二，建立健全政府、企业、农民多方参与的利益协调机制。特色农业与产业融合发展必须依靠相关主体推进各项事项，建立健全政府主导、企业助力、农民参与的农文旅融合体系，确保农文旅融合政策落地。其三，提升产业融合的层次和深度。依托重要农业文化遗产景区或园区，建立集农产品生产、加工、休闲观光、特色产品销售等于一体的产业集群，培育重要农业文化遗产地特色农产品品牌，充分利用互联网、物联网等新技术，提高重要农业文化遗产地三产融合发展水平，助力当地乡村产业兴旺。

三、生态理念践行与可持续发展，营造宜居宜业生态

重要农业文化遗产作为千百年来农民生产实践的智慧结晶，其蕴含了农民对生态环境自然规律的认识，是"三才"思想、"三宜"思想等农业伦理思想的现实体现，这与乡村全面振兴的生态宜居的要求不谋而合。在化肥农药广泛使用、过度追求农作物产量而导致生态失衡等问题频发的今天，重要农业文化遗产所蕴含的深层次生态理念与农耕智慧在当代的应用就显得尤为重要，其恰恰契合乡村生态振兴中绿色农业与可持续发展的理念。鉴于此，在乡村全面振兴的背景下，要运用好重要农业文化遗产所蕴含的生态理念，净化绿水青山，进而在重要农业文化遗产的传承利用中营造宜居宜业生态。以高邮湖泊湿地农业生产系统为例，其充分发挥传统农业生态思想，并辅之以现代农业生产技术，成为了人与自然和谐共生发展的典范样本，推动遗产地可持续发展。此外从启东沙地圩田农业系统的形成也可得到印证，随着启东成陆、垦牧拓荒、改造盐碱地并延续至今，劳动人民在沙地上建圩田，改造盐碱地，改变土壤性质，通过夹种、套种提高土地的利用率，促进生物多样性及可持续发展，充分发挥了生态功能。

以重要农业文化遗产赋能乡村生态振兴，不仅要保护遗产地良好的生态环境，也要发展特色的生态产业。一方面，通过重要农业文化遗产的传承，保护农业生物多样性、产品种类多样性和地方农业的发展可持续性，同时充分发挥其在抵御生态风险、规避生态脆

弱和补救资源结构缺环等方面的功能。另一方面，保护和发展是相通的、不可分割的，政府要通过多种方式开发生态农产品，打造一批有影响力的特色品牌，推动遗产地产业结构升级转型，推进以低碳、循环、绿色为主旨的高效生态农业模式，带动遗产地居民就业增收，实现生态效益与经济效益的有机结合，助力乡村生态振兴。

四、资源支持与品牌效应吸引，引导人才本土培育与外部回流

实现乡村人才振兴的关键在于人力资源的配置，通过人才本土培育与合理引导乡村人才回流，让乡村劳动力富裕起来是乡村全面振兴的能动要素和驱动力，而驱动劳动力回流的关键，在于当地生产经营收益预期的不断提升。在具体实践中，重要农业文化遗产活态保护对人才本土培育与劳动力外部回流具有显著的驱动作用，这一实践逻辑主要表现为一方面充分利用重要农业文化遗产地专家工作站与农事培训中心加强对本土人才的培育，实现人才的自我造血功能。例如，泰兴银杏栽培系统以银杏嫁接技术体系的发展为基础，通过技术培训等形式依据银杏树的成材模式推动基层组织人才培养，以带动农民增收，引领乡村人才振兴。另一方面，资源支持、品牌效应是触发遗产地外出劳动力回流行为的内生驱动源。此外，回流劳动力返乡后参与遗产地投资创业，在获取经济利益、实现自我价值的同时，为当地社会经济发展提供了必要的人力资本与物质资本支持，助力当地乡村人才振兴。以无锡阳山水蜜桃栽培系统为例，阳山镇依托"阳山水蜜桃"品牌效应，制定人才回引优惠政策，为人才回流提供了契机与诱因。目前，该镇已有千余名大学生跳出"农门"后再回农村，创办合作社120余家、家庭农场27家，带动桃农5 000多户。

以重要农业文化遗产赋能乡村人才振兴，地方政府应积极发挥主导作用，从人才本土培育与外部引进两方面着手。其一，从人才本土培育的角度看，以加强农民教育培训为基础，辅以通过高校合作与订单式培养，培育一大批爱农业、懂技术、善经营的新型农村人才。其二，从人才外部引进的角度看，通过提升品牌影响力，最大限度发挥品牌效应，同时，提供资金、技术、信息、平台、人才优惠等方面的基础保障，吸引外出劳动力回流，从而形成稳定可靠、不断壮大的乡村人才队伍，成为推动乡村人才振兴的新动力。

五、社区营造理念下的多元善治，实现组织振兴保障

组织振兴是乡村全面振兴的题中应有之义，要求加强乡村自身资源和内生动力的挖掘培育。社区营造理念由最初的注重"人文地产景"的资源活化转变为注重主体的活化，强调对乡村社区的赋权与自组织的发展，其与乡村全面振兴的共通之处在于社区营造倡导社会各界的多元善治，与乡村全面振兴的治理有效相呼应。事实上，重要农业文化遗产地通

过社区营造对创新农村社会治理与激发自组织活力的积极作用，已被多数实践与研究所证实。这一实践逻辑主要表现在，一方面社区营造通过培育并壮大遗产地的社区性组织，提升遗产地各利益相关主体对遗产价值、重要性、保护意义的认知，增强各利益相关主体参与重要农业文化遗产保护与发展的积极性；另一方面，通过完善各主体能力达成多方参与合作协同治理，提升乡村社区自我管理、自我服务、自我教育的能力和水平，以实现乡村组织振兴保障，为乡村全面振兴提供有力的组织与治理基础。例如，启东沙地圩田农业系统在核心保护区与一般保护区内组织建立系统保护的社区性组织，通过社区营造增强居民的遗产内源性保护意识，促进社区发展与遗产保护的良性互动，以实现当地组织振兴。

基于重要农业文化遗产地社区营造赋能乡村组织振兴，需要遗产地政府、社区性组织以及村民三方力量共同努力。具体到实践中，其一，转变政府职能。遗产地政府从原来的乡村管理者转变为乡村全面振兴的服务者，通过法律、政策、制度、规划、资金投入以构建有序整合的治理机制来引导和推动乡村发展。其二，培育并壮大社区性组织。社区性组织有着自身资源优势，通过资金投入、土地整合、技术支持和生产组织全面参与乡村振兴，在整合乡村资源、提高村民认同感、激发村民参与热情等方面发挥了独特优势。其三，培育村民主体的参与能力。村民主体，即把村民作为农业文化遗产保护以及乡村全面振兴的主体，以教育培训为基础，引导村民形成共同体意识，增强村民自身参与能力。

结语

农为邦本，本固邦宁。重要农业文化遗产是祖先留给我们的宝贵财富，其不仅记录着我国传统农耕文明的发展历程，也为现代生态农业的发展提供资源基础。江苏历来有鱼米之乡的美誉，农业文化遗产的底蕴深厚、类型多样，而重要农业文化遗产的保护发展与乡村文化、产业、生态、人才、组织五大振兴的目标高度契合，应进一步挖掘重要农业文化遗产在经济、社会、文化、生态、科技等方面的价值，并以此为抓手，创新性传承、创造性转化，让古老农耕文明赋能江苏乡村全面振兴。

目 录 CONTENTS

重要农业文化遗产赋能江苏省乡村全面振兴的路径参考 …………………… 001

一、江苏省域内的中国重要农业文化遗产

江苏兴化垛田传统农业系统 ………………………………………………… 002
江苏泰兴银杏栽培系统 ……………………………………………………… 010
江苏高邮湖泊湿地农业系统 ………………………………………………… 018
江苏无锡阳山水蜜桃栽培系统 ……………………………………………… 025
江苏吴中碧螺春茶果复合系统 ……………………………………………… 033
江苏宿豫丁嘴金针菜生产系统 ……………………………………………… 042
江苏启东沙地圩田农业系统 ………………………………………………… 050
江苏吴江蚕桑文化系统 ……………………………………………………… 060
江苏吴江基塘农业系统 ……………………………………………………… 070
江苏吴中传统水生蔬菜栽培系统 …………………………………………… 074

二、江苏省级重要农业文化遗产探索（第一批）

南京高淳相国圩水利系统 …………………………………………………… 084
无锡宜兴阳羡贡茶文化系统 ………………………………………………… 089
苏州阳澄湖大闸蟹复合系统 ………………………………………………… 094
淮安蒲菜栽培与蒲文化系统 ………………………………………………… 103
淮安洪泽湖渔文化系统 ……………………………………………………… 107
泰州泰兴长江圩田系统 ……………………………………………………… 112
扬州宝应传统莲作文化系统 ………………………………………………… 116
盐城大丰滩涂农业系统 ……………………………………………………… 121

苏州甪直水八仙种植系统 ·················· 133

新沂—邳州—沭阳古栗林栽培与文化系统 ·················· 138

三、江苏省级重要农业文化遗产探索（第二批）

连云港东海老淮猪养殖与文化系统 ·················· 144

苏州市吴江区环长漾桑基鱼塘农业系统 ·················· 148

苏州常熟鸭血糯稻作文化系统 ·················· 153

南通海门枇杷山羊种养农业系统 ·················· 158

连云港赣榆区夹谷山茶果林复合系统 ·················· 163

常州焦溪二花脸猪养殖与文化系统 ·················· 167

南通海安南莫青墩圩田农业系统 ·················· 171

常州金坛建昌圩传统农业生产系统 ·················· 175

盐城亭湖便仓枯枝牡丹栽培与文化系统 ·················· 181

苏州吴中区环太湖流域林畜复合系统 ·················· 184

附　录

中国的全球重要农业文化遗产（GIAHS）名录 ·················· 192

江苏省第一批省级重要农业文化遗产名录 ·················· 193

江苏省第二批省级重要农业文化遗产名录 ·················· 194

江苏省农业文化遗产普查名录 ·················· 195

江苏省域内的中国重要农业文化遗产

江苏兴化垛田传统农业系统

江苏兴化垛田传统农业系统，是兴化先民与其后代子民为了应对水患灾害，架木浮田、垒土成垛，渐而形成一块块垛田，是低洼沼泽地水土利用的典范，至今仍发挥着维持生态平衡、改善农田环境和传承特色文化等多种功能。该系统位于江苏省兴化市，主要分布在垛田、缸顾、李中、西郊、周奋等乡镇，核心区面积达6万亩（1亩≈667平方米，全书同）。该系统于2013年被农业部（2018年改组为农业农村部）认定为第一批中国重要农业文化遗产。2014年被联合国粮农组织认定为全球重要农业文化遗产。

兴化所处的地理位置是被称为"锅底洼"的里下河地区中央最低洼的地方，平均高程仅1.8米，是名副其实的"洼中之洼"。由于地势低洼，湖荡纵横，历史上多有"遇水先淹、无水先旱"的记载。面对这样的生存困境，勤劳勇敢的兴化先民在对抗洪水的过程中，不断探索和总结，在沼泽高地之处垒土成垛，并在实践中积累了丰富的垛田生产知识和经验，逐渐形成了与环境高度协调的垛田生产系统和生活系统。

1. 自然地理概况

兴化市为江苏省辖县级市，由泰州市代管，位于江苏省中部、长江三角洲北翼，地处江淮之间，里下河腹地，处于东经119°43′~120°16′，北纬32°44′~33°16′。

兴化市地势低洼平坦，地面高程在1.40~3.20米，平均高程1.80米（废黄河高程系，下同）。境内地势东部、南部稍高，西北部偏低，为周边高中间低的碟形洼地，是里下河地区建湖、兴化、溱潼三大洼地中最低洼的地方，俗称"锅底洼"。

兴化市属北亚热带湿润气候，光照充足，气候温和，雨量丰沛，且雨热同期，光、温、降水配合比较协调；常年平均日照数为2 305.6小时，年日照百分率为52%，平均气温15℃，平均降水量1 024.8毫升，平均雨日112天，全年约60%的降水集中在汛期6—9月，平均相对湿度为78%，一年中7月、8月相对湿度最大，1月、2月相对湿度最小。

兴化市境内河道纵横交织，湖荡棋布，属淮河水系。共有主要河流18条，经向（南北流向）有渭水河、盐靖河、唐港河等共12条，纬向（东西流向）有兴盐界河、海沟河、车路河等6条，境内共有5湖12荡。

2. 历史起源

据历史记载及考古考证，5 000多年前，里下河地区为东海海滨，兴化垛田的成陆过程大致经历了海湾—潟湖—湖沼—水网平原的变化。当地农民也经历了由以捕鱼为生，到农渔结合，再到以种植业为主的过程，水土利用形式也完成了由水到陆的逐渐转变。从垛田境内发现的南荡遗址等和古箭镞等文物可知，早在商周时代，今垛田一带便是以捕鱼为生的江淮流域东夷人的聚居地之一。约3 000年以前，海岸线东移，兴化地区水位下降；另外，受黄河泛滥的淤积物的覆盖，湖水变浅，菰蒲等湿生植物在湖中生长繁盛，沼泽型湖泊特征非常明显。垛田祖先在沼泽中以木作架，铺上泥土及水生植物，将木架浮于水上，称为浮田。浮田漂浮在水面上，可随水面起伏，不容易被淹没。唐宋时期水利工程建设的增多为沼泽地变为陆地提供了条件；此外，黄河改道南下也带来了大量泥沙，兴化境内的沼泽地露出水面，垛田祖先在早已形成的垛岸基础上进一步积土垒垛，从而出现了成千上万块四周环水的岛屿状田地，用来垦荒种植，垛田开始形成。明洪武初年，朱元璋将苏州、昆山等江南几十万人口强迁到江北里下河地区，大批移民迁入垛田，带来了先进的生产技术和文化，促使垛田渐成规模。这种原始的完全以人力垦造垛田的伟大工程，一直延续到20世纪90年代，直到垛田境内已无一块荒地可供开垦为止。20世纪60年代之前，垛一般都是很高的，低的两三米，高的四五米，用以防洪。到了60年代后期，人口迅速膨胀，为了生存，有人发明了扩大耕地面积的办法叫"放岸"：将高垛挖低，挖的土将小沟填平，相邻的两三个垛子连成一片，或者向四面水中扩展。80年代，联产到户土地承包，菜农拥有了对耕地的自主权，纷纷将垛田挖低，以增加面积，方便耕作，同时也可以将挖出的土卖给砖瓦厂或城里的建筑工程等赚钱,导致垛开始变矮变大,变成现在一米多的高度,而且基本上高度一致,没有了当初那种高高低低、错落有致的风格。今天我们所看到的垛,大多是80年代以后当地菜农挖成的新垛。

兴化市地处里下河腹部,属淮河水系中的里下河腹部水系。境内河道纵横,湖荡棋布,无封闭疆界。由于不具备拦蓄条件,又不受地面高程的制约,当河网水位超过1.4米时,多余水量即向江海和下游地区排泄,以致兴化历史上对自然降水的利用水平很低。

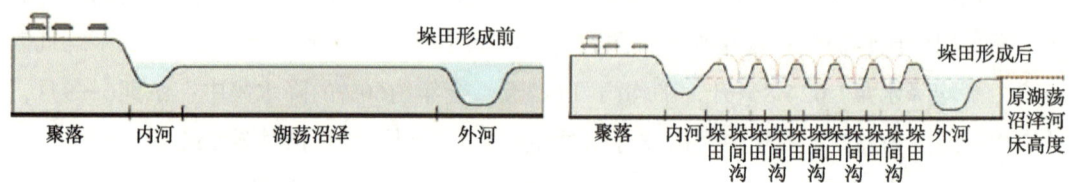

垛田形成示意图

把湖底淤垫而成的浅水草滩人工围垦成农田,或是重新开垦被淹之田,开挖排水沟降低水位,将取出的河泥翻到沟与沟之间的田面上,再往上罱泥浇浆,逐渐形成条状的高畦旱地。

每块垛田四面环水,畦面高于水面1~4米,内部田畦间以垛间沟相隔,一般沟深20~30厘米,沟沟相通,与河渠相连,方向因地形而异,以便于排水为原则,具有垛—渠—沟洫的独特景观肌理。

在还没有化肥的年代,在垛田上劳作的农民,把疏浚河沟挖出来的泥浆和杂草,作为有机肥堆积到垛田上(这种方式被称作"罱泥""扒苲"),使得垛田以每年几厘米的速度逐渐增高。高出水面数米的田块,在洪水来临时,丝毫不受影响,为兴化的农业生产提供了庇护。同时,垛田的地势高,排水良好。罱泥、扒苲的堆肥方式,使得垛田的土壤疏松,土质肥沃,各种作物在垛田上都能长势良好。

3. 技术体系与景观特征

兴化垛田传统农业系统的生产系统主要有两种模式,第一种是"垛—菜—沟—渔"模式,第二种是"垛—林/菜—沟—渔"模式。这两种模式都是复合的农业系统。

第一种模式是在垛上种植作物,因垛田地区阳光充足,空气湿润,土地肥沃,十分利于蔬菜的生长,所以经济效益较高,垛旁的河沟里放养鱼苗,进行养殖,水既能养鱼又能对农田进行浇灌,实现资源利用最大化。第二种模式是在垛上种植树木,树下以种植蔬菜为主,垛旁的河沟里养殖鱼蟹等。这两种模式中,主要的组成要素是垛、蔬菜、水(河沟)、水生物、飞鸟、水产(鱼蟹等)等,"垛"为蔬菜的生长提供土壤条件,水(河沟)为蔬菜的生长提供充足的水分,农民通常采用罱泥、扒苲、撒水草的方式,罱泥主要是用"罱子"把水下的稀泥捞上船，再运到罱泥边浇上岸垛田，在河泥的堆积下垛田总能保持合适的高度。扒苲的"苲"指的是河泥和水草的混合物，扒苲与罱泥相似，工具也相似，扒苲地点多选在湖荡，但扒苲挖取的是较厚实的河泥，近似于"挖"，带有水草等，更加肥沃，主要铺在田上。搌水草是在水草茂密的区域，把搌管伸进水中，将水草连根拔起，挑进船中。搌出的水草主要是铺在蔬菜行间，水里的水草和泥土不仅能用作垛田上蔬菜的肥料，也能为作物遮阳，随着泥土及水生植物的减少，河沟的深度总能保持适宜。飞鸟的作用是吃蔬菜里的害虫，同时飞鸟的粪便还能为蔬菜生长提供肥料，这是从相对静态的角度来描述观察兴化垛田传统农业系统。

除了这些要素，蔬菜种植的技艺如罱泥、扒苲和搌水草等，借用传统的农具进行蔬菜种植，把人、垛、水、水生生物、蔬菜等完美连接起来，使系统内部能够在不使用化肥和农药等的基础上有序、可持续地运作起来，从人与自然系统角度来说，促进了生态系统的平衡，保护了垛田地区的生态环境，也因此能为人们的生产和生活提供更长久的物质支持。除此之外，兴化垛田传统农业系统还采用轮作方式，即在同一块田地上，有顺序地在年度间轮换种植不同作物或复种组合的种植方式，有利于合理利用土壤养分和防治病草虫害，有效地改善土壤的性状，调节土壤肥力。兴化垛田传统农业系统地区目前的种植方式大多为茬口轮作，主要为油菜—芋头、油菜—瓜类、油菜—生姜等。

（1）独特的水土利用方式

垛田独特的岛状耕地，是荒滩草地堆积而成，土质疏松养分丰富，加上光照足、通风好、易浇灌、易耕作，使生产的蔬菜无论是品质还是产量，都是普通大田种植不可比拟的。后来，人们选择沼泽湿地中的地势稍高处，用开挖网状深沟或小河的泥土堆积而成的垛状高田。地势高、排水良好、土壤肥沃疏松，宜种各种旱作物，尤适于生产瓜菜。垛田间有小河间隔，不便行走，须用小船接送。垛田的形状因河沟宽窄而变，大的不过数亩，小的仅有几分（1分≈67平方米，全书同）。

兴化垛田是一个农业、林业、渔业复合的农业系统。垛田上种植蔬菜粮食或者发展林业为主，河沟内则发展渔业，还可以放鸭、鹅等家禽，通过垛面上造林、垛沟内养鱼、林下种植农作物或经济作物的林、农、牧结合的方式，使地上和地下的空间得到充分利用，在保证长期生态效益的前提下获得了较好的经济效益。农作物种植多采用轮作倒茬、间作套种相结合的种植制度，扩大了作物播种面积，有效提高了单位面积垛田的生态、经济和社会效益。

（2）特色蔬菜生产加工为主的传统农业系统

兴化垛田传统农业系统所在的江苏里下河地区历史上是由古潟湖逐渐淤积而成的湖荡沼泽地带，无法种田，再加上洪涝频发，农业发展受到制约。垛田的出现增加了可利用土地，尤其是耕地面积，有效解决了生计难题。垛田境内70%以上的耕地为四面环水、高低不一、形状各异的垛圩，这种由湖荡滩地堆垒而成的垛圩最适宜蔬菜生长。再加上垛田农民历代种菜，积累了丰富的种植经验，所生产的蔬菜种类多、品质好、产量高，是久负盛名的蔬菜之乡，培育了兴化香葱、兴化油菜、兴化龙香芋"三大"地方特色优势农产品，带动了农业增效、农民增收。2006年国家质量监督检验检疫总局（2018年改为国家市场监督管理总局，全书同）批准了对"兴化香葱"实施地理标志产品保护，2011年垛田镇因香葱生产获农业部"一村一品"示范镇。2017年兴化龙香芋被列入国家地理标志保护产品、大麦若叶青汁粉荣获中国国际农产品金奖、兴化麻油荣获绿色食品博览会金奖。"兴化香葱""兴化龙香芋"入选全国名特优新农产品目录，其中"兴化香葱"被国家质量监督检验检疫总局公布为生态原产地保护产品。据统计，2017年兴化龙香芋平均售价达每斤（1斤=0.5千克，全书同）6元，比2014年平均售价每斤高4元左右，每年每亩垛田农民种植纯收入达2万元。

（3）丰富的生物多样性与生态系统功能

兴化垛田传统农业系统地区地势平坦，河流纵横，雨水充沛，气候温和，是一个土地肥沃、物产丰殷的鱼米之乡。该地区自古以来盛产瓜果蔬菜，早在明代时期被命名为"两厢瓜圃"，并列入"昭阳十二景"中。根据明代的《兴化县志》记载，该地区种植有多种瓜果、蔬菜、粮食和棉麻，尤为值得一提的是，该地区还曾经种植一种现已失传的珍贵稀有的兴化特色瓜果珍品——露果，它一度被列为贡品。另外，当地的农作物、畜禽和渔业资源也是多种多样，还保留有不少品质优良的本地品种。此外，系统内有野生动物160多种，野生植物300多种，生物多样性维持能力强。兴化垛田传统农业系统水资源丰富，水质好，为传统的蔬菜种植提供了优质的条件。当地农民有在垛田边沿覆盖河泥种芋头的习惯，还有垛田四周的坡面，也可以栽种作物，这些办法可以保护垛田免遭崩塌侵蚀，保持水土。为了充分利用空间资源，农民们除了在垛田上大面积种植蔬菜，还在一些垛田上造林。在垛田造林地区，林内辐射一般比农田下降45%～52%，气温比林外低0.8～1℃，林内湿度高于农田3%～5%。

（4）独特的垛田景观资源

兴化垛田是在全中国乃至全世界绝无仅有的天下奇观，是一项重要的农业文化遗产。兴化垛田传统农业系统是当地先民开拓进取、艰苦创业、垒土成垛、与水和谐相处的历史产物。垛田地区的独特地貌和独特的水土利用方式塑造的自然景观是珍贵的旅游资源。这些垛田，或方或圆、或宽或窄、或高或低、或长或短，形态各异且大小不等，大的两三亩，小的只那么几分、几厘，它们四面环水，垛与垛之间各不相连，宛如一个个"土岛"在一望无际的碧波中荡漾，故有"千岛之乡"之美誉。每到清明时节，"岛"上长满了金黄色的油菜花，"船在水中行，人在花中走"，别有一番情趣。兴化垛田给我们展开了一个全新的水乡美景，这是与传统概念的那种小桥流水、碧瓦青墙的水乡风光截然不同。兴化垛田带给我们更多的是一种人与自然的和谐之美以及天然野趣。垛田一年四季都是美的：夏秋满垛碧绿，瓜果飘香；冬季白垛黑水，满目圣洁；春到垛田，那盛开着油菜花的金灿灿、黄艳艳的垛格，似一个个身披霓裳的仙女在万顷碧波中追逐、嬉戏；金秋时节，垛田菊花进入盛花期，沟河交错围成的垛田万余亩的菊花竞相开放，从空中俯瞰，万寿菊、百日菊、波斯菊等宛如天然调色板，呈现出红、黄、绿等绚丽的色彩，宛如在金秋大地上披上了一件色彩绚丽的"秋装"，形成一道独有的美景。垛田菜花、水上森林、徐马荒湿地，吸引了越来越多的游客慕名而来，兴化垛田的旅游日益红火。2017年，兴化接待游客650万人次，实现旅游总收入58亿元，其中仅兴化千岛菜花节旅游接待人数就达215万人次，实现旅游总收入15.6亿元。旅游节连续多年的成功举办，使兴化垛田在全国的知名度和美誉度大幅提高。

4. 兴化垛田传统农业系统的价值

垛田作为一种独特的农业文化遗产，还有很多罕有的价值，主要体现在以下几点。

（1）生态价值

垛田奇特的岛状耕地，田块通风好、光照足，而且四面环水，极易浇灌又难有水渍，是瓜菜生长的最佳环境；垛田是由湖荡沼泽地堆积而成，其土质是以沼泽土为主的"垛田土"，富含有机质及钙、铁、锰等多种微量元素，是蔬菜生长的理想摇篮，且境内气候温和，大气、水源无污染，附近无物理、化学、生物的污染源，水上垛岸联田形成有效隔离，生产的蔬菜无论是品质还是产量，都是大田种植不可比拟的。垛田地区三地七水，独特的地理地貌使得当地各种淡水鱼虾聚集，且滋味鲜美，远胜他处，有江北淡水产品博物馆之称。

（2）科研价值

垛田见证了当地从走千走万不如淮河两岸的鱼米之乡，到黄河南下的洪水走廊，再到因地制宜田水相依的垛田奇观，因此，垛田是研究当地生态环境变迁和土地利用方式转变的一件珍贵标本，也是我国先民聪明勤劳智慧的结晶。更为难能可贵的是，几百年来垛田地区基本保持原有的地貌特征，田间劳作无舟不行，家家有船、户户荡桨成了一道罕见的风景。另外，由于垛田地理地貌的独特性，现代化的耕作方式在这里一直无法全面推广和普及。至今，垛田的核心地

带还大量保存着传统的农耕方式，使用自然肥料，如罱泥、扒渣、撩水草等。唯一能派上用场的机械是抽水机，原本消防器材、垛田乡民移作他用，装在小舟之上，漂浮喷水，以供农田果蔬之需，堪称一绝。所以说垛田是里下河地区最具典型意义的历史地理变迁的活化石并不为过。

（3）文化价值

垛田在当地已有600多年历史，它不仅体现了一种"因地制宜"、和谐统一的思想观念，对当地的民间文艺、风俗习惯、饮食文化等社会生活的各个方面都有着深厚的影响。兴化地区早先受楚文化的滋养，后又融入吴文化的内涵。深厚的文化积淀，造就了众多文人雅士，也孕育了丰富的民间艺术。这里既曾留下大文学家施耐庵的足迹，又是郑板桥的出生之地，晚清"琼林耆宿"大儒王月旦也居住于此。得益于此，垛田的民间文艺可谓根深叶茂。2002年，垛田镇成为苏北地区唯一被省命名的"江苏省民间艺术之乡"。其主要文艺形式有高家荡的高跷龙、垛田歌会、垛田农民画等，都有鲜活的地域特色和垛田风情。除此之外，垛田自身的耕作体系和生态系统本身就是一种富于特色的地域农耕文化，"河有万湾多碧水，田无一垛不黄花"既是对垛田美景的真实描写，也是对垛田农耕文化的诗意写照和最好赞美。

（4）游憩价值

兴化垛田作为农业文化遗产，其自身的自然、生态景观能够对游客产生具有吸引力的休闲、娱乐、游憩效益。垛田地区万岛耸立、千河纵横的地貌特征和自然景观，在全国乃至全世界都是唯一的。古昭阳（兴化旧称）十二景中垛田独占三景：胜湖秋月、两厢瓜圃、十里菱塘。随着垛田菜花知名度的提升，每年菜花盛开季节的垛田旅游日益红火。"九夏芙蓉三秋菱藕，四围瓜菜万顷鱼虾"，兴化垛田给我们展开了一个不同于传统水乡小桥流水、青墙碧瓦的别样水乡风情。

5. 文化与民俗

垛田是兴化人富有诗意的创造，垛田地貌影响了垛田人的生存，不仅影响了他们的居住习惯，而且影响了他们的活动方式，以及生活知识和生活观念。垛田吸引了历史上诸多文人墨客的驻足。垛田境内的得胜湖、八卦阵、水浒港，以及发生在这芦苇荡里的抗金反元故事，正是施耐庵创作《水浒传》的渊源；扬州八怪代表人物郑板桥出生于垛田，其别具一格的"六分半书"，据说就是受了垛田耕地散而不乱、错落有致的启发。这些文学大家的绝世才情与这方灵秀水土的交融碰撞，让人心驰神往。

垛田人重视传统节庆，与其他地方相比有着其独特之处，如垛田人的除夕，年夜饭除了和兴化其他地区相同的菜肴以外，还有吃芋头的习惯，寓意"来年遇好人、遇事有贵人相助"，更有"啃大芋头"，发大财、赚大钱的意思。新年期间，人们或者走亲访友、拜访长辈，或者参加舞龙、舞狮、送麒麟、挑花担、打莲湘等娱乐活动。根据实地调研，垛田农民对垛田庙会、舞龙、舞狮、送麒麟、挑花担、打莲湘、高跷龙、板凳龙、"轿子船"迎亲、垛田农民画、拾破画、板桥道情、茅山号子、船娘戏曲小唱等民俗活动耳熟能详，芋头红烧肉、蟹黄汪豆腐、猪头肉、熏烧鹅、大鱼圆、藕夹子等特色饮食当地的大部分农民都会做。高家荡村的都天会、东旺村的东岳庙会、

王横村的垛田庙会等都得到了很好的保护和传承，用农民自己的话来说："过年可以不回家，但是庙会必须回来。"

芋头是垛田的特产，当地最有特色的菜肴要数"芋头红烧肉"和"蟹黄汪豆腐"；垛田香葱，既可作为调味品，也可作为蔬菜烹制菜肴。此外，垛田境内，湖荡密布，河网纵横，盛产螺蛳，垛田的湖荡草滩上盛产田螺，都可以做成美味菜肴。

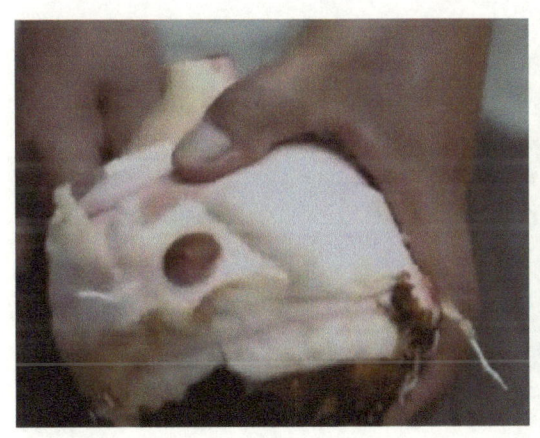

江苏泰兴银杏栽培系统

江苏泰兴银杏栽培系统位于江苏省泰兴市，是泰兴人民利用银杏物种资源和独特的管理技术，打造的以银杏为主体的、与所处环境长期协同进化所形成的农业生产系统和农业景观，包括银杏生长的环境、管理的过程、银杏加工以及与其直接相关的民俗文化。银杏在泰兴广泛种植，有1 000多年栽培历史。核心区为宣堡镇7个行政村，总面积25.14平方千米，银杏围庄林面积20多万亩。该系统于2015年被认定为第三批中国重要农业文化遗产。

1. 自然地理概况

泰兴市位于江苏省中部、长江下游北岸，介于北纬31°58′12″～32°23′05″、东经119°54′05″～120°21′56″，东接南通市如皋市，南接靖江市，西濒长江与镇江市扬中市、常州市新北区隔江相望，北邻姜堰区，东北与南通市海安市接壤，西北与泰州市高港区毗连。泰兴市属北亚热带海洋性季风气候区，兼受西风带和副热带以及热带天气系统的共同影响，温和湿润，四季分明，酷暑严寒不长，雨量充沛，日光充足，霜期较短，有利于农业生产。年均气温14.90℃，年均降水量1 031.8毫米，年均降水日137天，年均日照约2 125小时，年均太阳辐射总量为632.06千焦/平方厘米，积雪日7天，无霜期220天。泰兴市境内水系丰富，河网交织，过境河流均为长江水系。流经市域的主要河流有宣堡港、古马干河、蔡港、如泰运河、天星港、焦土港、姜黄河—季黄河、羌溪河—两泰官河、新曲河、增产港等较大的河流水系。

泰兴属于长江三角洲冲积平原，已形成上千年，正因为是冲积平原，泰兴大部分地区属高沙土地区，土壤的保水、保肥条件较差，水、肥、气、热不够协调，土壤肥力较低，故有"难生五谷"的说法。因此，对土壤进行生态改造成为首要任务。泰兴人民在长期改造自然的实践活动中发现改变土壤最好的方法就是植树造林，民间有"造林就是修水库"的说法，涵养水源就能保肥，久而久之，土壤的特性就会发生变化，从而达到生产粮食作物的要求。

2. 历史起源

泰兴于五代南唐升元元年（937）建县，至今已有1 083年历史，而泰兴银杏树的栽培历史已有1 300多年。由此可见，泰兴人民与银杏结缘甚深。

据旧志所载，泰兴"平仲为多，而松最少。平仲一名银杏，多大树，有百年，唯顿叉最巨"。以原大生镇（今隶属济川街道）三阳村皂角组的一棵银杏树为例，该树高35米，主干必须3个成年人张开双臂合抱才可抱过来，人在树下仰视，白日不见天色，夜晚不见星光，秋季落叶时树下能堆积约30厘米厚的黄灿灿的叶片，其果实每年产量达数百千克，还留下了许多美丽的传说。经林业专家现场鉴定，这棵银杏树的树龄达1 300年以上，是泰兴最古老的银杏树。

泰兴市作为"银杏之乡",有着悠久的银杏栽种历史,在漫长的历史中,通过代代口口相传,流传下了一段"银杏仙子"的美丽爱情故事。相传在很久很久之前,在古老的泰兴村庄,村民们过着男耕女织、朝起暮归的平静生活。有一天来了个可怕的妖魔——蝙蝠精,在村庄兴风作浪,它施展魔法到处施虐作乱,使村民的生活笼罩上一层浓浓的阴影,大人小孩疾病时时缠身,家禽家畜不断神秘消失。恰逢观音菩萨驾临泰兴上空,察觉有妖孽作乱,为救百姓于水火之中,从九天仙界派了一位美丽善良的银杏仙子下凡为百姓降妖除魔,仙子下凡后化作一棵银杏树,长在了孤身青年金泰的家门前,受到了敦厚善良的青年金泰的精心护理,迅速生长。

为报答金泰的精心照料,仙子也开始悄悄照顾起金泰的起居饮食。一次偶然的机会,银杏仙子的行踪被村中孩童小豆子发现,金泰也知道了仙子的存在。朝夕相处,日久自然生情,这对青年男女在互表爱慕之心后结下秦晋之好。四处作恶的蝙蝠精吃掉小孩毛毛,金泰与村民为除害四处寻找,发现了蝙蝠精的藏身之处,放火逼出了妖魔,并一箭射中了蝙蝠精的后腿。蝙蝠精为了报一箭之仇,在水中放毒,全村老少大都染上瘟疫,前去佛山寻找仙果救治村民的金泰也染病不起,银杏仙子以银杏果救活金泰,随即用银杏果救活了染病的乡亲。金泰与银杏仙子合力斗败蝙蝠精后,互诉衷肠,为了使善良、幸福永驻人间,金泰与银杏仙子化作雌雄两株银杏树,根枝相连,永远造福子孙后代。

3. 泰兴银杏栽培技术与管理

在长期的农业生产实践中，泰兴人民总结出了一套相当完整的银杏种植技术，包含栽植、施肥、嫁接、育苗、授粉、无公害生产技术等环节。随着种植银杏经验的不断丰富，产量和品质的不断提高，栽培技术也不断在改进，生产管理也有了一定的发展。

（1）栽植技术

园地选择：银杏的适应能力很强，但为了使银杏能达到早果、丰产、优质、稳产的目的，选择年均气温14～18℃，土层深度1.5米以上，有机质含量1%以上，地下水位1.5米以下，含盐量0.1%以下，pH值6～8.5，排水良好的壤土或砂壤土。如栽在坡地，则在坡度15°以下进行栽植。

苗木质量：建园时，在确保是大佛指品种的前提下，还应注意根系完整，主侧根发育良好，不劈不裂，高径比100∶1。

栽植时间：在落叶后至翌年萌芽前除封冻期外进行栽植，以11月中旬至12月中旬为最佳栽植期，因栽后地温尚高，根系伤口可以愈合，第二年生长量较大。

栽植规格：常规园株距8米，行距8～10米；密植园定植嫁接高度40～60厘米，株距4米，行距4～5米。在平地或土壤肥力较好的园地疏植，坡度较大或土质薄的园地适当密植。

栽植要求：苗木定植时，穴坑不小于0.8米×0.8米×0.8米，挖穴时将表土和底土分别堆放，回填时混以绿肥、秸秆、腐熟的人畜粪尿、家杂灰、饼肥等有机肥及过磷酸钙等，将苗木置于穴中间，根基接合部与地面平齐或稍高于地面，扶正、填土，所填土壤必须敲碎，填土一半时，将苗木轻轻提动，以便根系自然舒展，与土密接，然后再覆土，并在树苗四周做成直径0.8～1米的树盘，浇足定根水，待水渗下后再扶正、覆土、踩实。

（2）施肥技术

施肥时间：基肥（养体肥），自银杏采果后至翌年萌芽前施用，采果后至落叶前施用效果较好；长叶肥，在授粉前1个半月至授粉后1个月进行，具体的施肥时间、种类及数量根据上年树体的结果、长势、落叶等情况加以推断，如上年是结果大年树势较弱，落叶较早，则施肥时间在授粉前进行，反之应在授粉后进行；长果肥，6月中旬至7月中旬，宜早不宜迟。

施用量：一般每产50千克白果须施优质有机肥（以优质猪粪为例）400～500千克、尿素5～10千克、过磷酸钙、氯化钾各2～3千克，基肥、长叶肥、长果肥的用量依次为全年施肥量的2/5、1/5、2/5。无机肥的用量小于有机肥，有机与无机氮之比应不小于1∶1（纯养分），但禁止施用硝态氮肥，最后一次追肥必须在采收前30天进行。

施肥方法：成树施肥要离主干基部0.61米向外到缘下，开放射沟条沟或环状沟进行施肥，在整个树盘下进行撒施。施肥深度以见细根为宜，幼树根据树体的生长、根系的水平分布而确定施肥范围，施肥深度比根系分布层略深，以利引根下扎。

根外追肥：又叫叶面喷肥。全年施用4~5次，根据植株生长状况而定。

（3）水分管理

灌水：全年重点浇灌好三次水，分别在3—4月、6—8月、9月逢天气干旱时各浇灌一次水，每次灌透灌足。

排水：多雨季节、土壤湿度过大或果园积水时，应及时排水降渍。

（4）土壤管理

扩穴改土：种植1~2年后，每年的10—11月，于植株树冠边缘的滴水线位置向外挖（60~80）厘米×（60~80）厘米的环形深沟，回填时每株混施绿肥、秸秆、落叶等40~50千克，人畜粪尿40~50千克，饼肥3~5千克，过磷酸钙2~3千克，表土放在底层，心土填在表层。

中耕松土：雨后、灌水后或结合除草进行中耕松土，中耕深度为5~10厘米。

间种：宜选豆科等矮秆养地作物，不种植高秆、藤蔓作物，选用银草（银杏—桑银草）、银经（银杏—经济作物）、银花（银杏—花卉）等多种复合栽培模式。

除草：生长季节及时进行人工除草，不用化学除草。

（5）人工授粉

雄花的采集与选择：从生长健壮、无病虫害树上采集雄花，选择花序大、花粉囊饱满、绿里透黄、无变质的雄花序。

花粉的处理和保存：采集下来的雄花序用晾晒干燥法或石灰干燥法进行处理，使之散出花粉。散出的花粉用洁净纸包好后放在阴凉干燥处备用。晾晒干燥法：将除去杂质的雄花序薄薄地摊在垫有白光纸（光面朝上）的匾中，上面同样盖有白光纸（光面朝下），置于阳光下晒，隔12小时翻动一次使全部花出花粉。石灰干燥法：将去除杂质的雄花序，每50~100克用纸包成一小包，放在盛有生石灰的缸、罐等容器中，石灰块上面覆盖表芯纸或吸水性强的洁净纸，借助生石灰的吸湿作用，使花粉囊散出花粉。

授粉时间：银杏雌树胚珠发育成熟时，授粉室分泌的液体（俗称性水）也随之增多，并吐出孔口，当该水珠在孔口外的直径大于孔口张开度，成一饱满圆形水珠，即胚珠完全成熟，当树上有50%~80%的胚珠完全成熟时，开始人工授粉，此后3天内均为最佳授粉期。在最佳授粉期时实施人工授粉。如逢结果大年，授粉时间则早一些，当树上有50%~60%的胚珠完全成熟时即进行；如逢结果小年，授粉时间则晚一些，当树上有70%~80%的胚珠完全成熟时进行授粉。

授粉方法：花粉水溶液进行树冠喷雾。按每产50千克银杏用0.15千克雄花序散出的花粉兑24~30千克清水计算每株的用花量和用水量。

（6）整形修剪

幼树和初果树：以整形为主，树形采用多主枝自然开心形。从嫁接的接穗上选取3～5根分布比较均生长健壮、着生角度在45°左右生长势基本一致的分枝培养成主枝。接穗上抽生的其他枝条一般从基部疏除，在培养主枝的同时，注重侧枝的培养，从主枝上选方向角度较好的健壮枝条培养为侧枝，疏除侧枝中的竞争枝、密生枝、直立旺枝。

成年挂果树：疏除树上的密生枝、竞争枝、内膛徒长枝、病虫枝、枯枝等，对其他的旺枝可留3～5个进行短截，促生分枝，加以控制与利用，对过长的单轴延生枝适度回缩。

衰老树：对病虫枝、枯枝等进行疏除，对衰弱的主枝和侧枝进行回缩更新，更新的强度视树体衰弱的程度而定，主侧枝越弱，回缩的强度越大。

4. 泰兴银杏的加工和利用

（1）银杏叶食用

20世纪90年代以来，以银杏叶为生产原料，制作而成的银杏叶保健茶，逐渐在市场上流行起来，不仅深受国人的喜爱，也受到了国外茶叶爱好者的好评。

（2）银杏种仁食用

银杏种仁营养丰富，味道甘美，是上好的滋补保健品，银杏种仁可以广泛地应用于食品烹制、生产饮料、制作罐头等方面，自古以来就深受人们的喜爱。食用银杏种仁，不仅能起到延缓衰老、减少皱纹、美白皮肤、驻容养颜的功效，还对治疗咳嗽、祛痰和老年痴呆症等有明显的疗效。

（3）银杏叶药用

银杏叶，俗称"白果叶"，首次记载于《滇南本草图说》，该书推荐银杏作为外用药来治疗瘢痕和雀斑。16世纪初，刘文泰出版了《本草品汇精要》一书，书中提到可以靠内服银杏叶来治疗腹泻，有奇效。银杏叶胶囊、银杏叶口服液、银杏叶片等银杏叶药品在市场上被广泛运用。部分银杏叶制剂已经成为国家中药保护产品。

（4）银杏种仁药用

银杏种仁中还含有多种药用成分。明朝李时珍在《本草纲目》中记载：白果有敛肺平喘、止带浊、缩小便的功效，其叶、根、树皮均可入药。成熟的银杏果实，很久以前在中国和东南亚就被认为是一种美食珍品，将其浸入植物油中100

天，可以用来治疗肺结核，还被认为可以助消化和排出肠道寄生虫。

（5）银杏外种皮药用

银杏外种皮具有多种药理活性，有抑菌、杀菌、抗肿瘤作用以及抗过敏作用，这些有效成分对防治心血管疾病、延缓人体衰老有显著功效，可用于生产治疗心血管类、肿瘤类以及延缓人体衰老等药物。

5. 文化与民俗

银杏生产方式深刻地影响了泰兴的社会生活，形成了一系列具有地方特色的农耕文化。一是形成了以古银杏崇拜为主的祭祀文化。泰兴城郊西南边约3千米处的金沙村的泰兴先民，自古以来就流传着古银杏是女娲培育出来的传说，因此对女娲始终怀着深深的感恩之情，世世代代都崇拜和祭祀古银杏；二是形成了以34株千年古银杏树为主题的银杏史话；三是形成赞美银杏婀娜多姿、厚积薄发的诗歌文化；四是形成以银杏为特色的盆景雕刻文化；五是形成以银杏为特征的饮食文化和中医中药文化。

泰兴银杏文化跟人们的生产生活息息相关，主要体现在以下方面。

（1）与银杏相关的生活习俗

饮食习俗：泰兴银杏饮食习俗具有深厚的文化色彩。在银杏食谱中有一道菜叫"诗礼银杏"。这道菜是山东孔府上等名菜之一。相传，孔府诗礼堂是孔子教他儿子孔鲤学诗学礼的地方。到了宋代，此处长出了两棵银杏，孔府厨师采用这里产的银杏去壳做成菜肴，供学者食用，倍增兴味，故取名"诗礼银杏"。还有一道菜叫"银杏汤圆"，顾名思义，是用银杏做馅的汤圆。据说，汤圆馅用银杏有千秋长存的意思。这个说法主要是因为银杏树寿命特别长，象征着长寿，所以也就赋予了"银杏汤圆"千秋长存的内涵。

赏银杏习俗：泰兴有俗语"常在银杏树下走，人能活到九十九"。当地老百姓很多都喜欢去银杏树下散步，尤其是晚饭后去银杏树下走一走。此外，银杏树具冬暖夏凉特异功能。当盛夏时节，气温高达40℃时，银杏树下仅有35℃左右，很多人会坐在银杏树下乘凉，或小坐，或聊天，或打牌下棋，甚是凉爽。

银杏相关的礼仪民俗：虽然泰兴有很多特产，但是送礼的时候，银杏往往是首选。这种风俗在泰兴极为常见，特别是要送住在别的地区的亲人或朋友，银杏总是最先被考虑的礼物，也是最好的礼物。

（2）以古银杏崇拜为主的祭祀习俗

避灾祈福习俗：泰兴人把银杏作为避灾祈福的神树。经常有人到银杏树下烧香焚纸，祈福求安，或把写有心愿的红布条拴系于古银杏的枝干，以求庇护。

讨彩头习俗：泰兴人把银杏作为避灾祈福的"平安树"。泰兴人每逢除夕，家家都在门上贴对联、贴福字，在门檐、窗台下贴喜钱。并选择家里较为值钱的器具、物品贴上喜钱或福字，寓意来年万事如意。泰兴是"银杏之乡"，泰兴人自然倍加爱护和珍惜银杏，在每株开始挂果的银杏树上都上贴喜钱或福字，既祈求来年风调雨顺，更希望银杏树能丰产丰收，为全家带来好运。

拜祭习俗：银杏在泰兴，被作为神一样崇拜供奉，如各地所建的银杏庙，这些银杏庙香火旺盛，每逢初一、十五，四方信徒都来礼拜；有把它当灵丹妙药的，过去老百姓身体不适，就到银杏树上扒块树皮或挖点树根烧水服用，立刻见效，药到病除；也有把它当干亲拜的，原宣堡石堡村西有株古银杏，附近村民家小孩如有身体不适、磨难重，只要寄拜给它，马上身心健康、活泼可爱。

许愿习俗：自古以来，泰兴人家家栽培银杏，银杏成为泰兴农家的神仙树。民间还把银杏作为吉祥物，孩子结婚时缝在被子中几颗红枣和白果，祝新人早生贵子、白头偕老。因此，产生了拜银杏为干亲、敬银杏为神仙、过年给银杏挂红、孩子满月屋后栽银杏等民间习俗。

江苏高邮湖泊湿地农业系统

江苏高邮湖泊湿地农业系统位于江苏省扬州市高邮市境内，核心区位于高邮最北端界首镇，是以中国第六大淡水湖高邮湖湿地为生活和生产区域，以鸭、鱼、蟹、稻为核心的农、林、牧、渔等复合型生态农业系统。该系统成熟于宋，兴盛于明清。总面积有6万多公顷，由水域、滩涂和陆地构成；核心面积约为445公顷。该系统于2017年被农业部认定为第四批中国重要农业文化遗产。

1. 自然地理概况

高邮市位于沿江经济带的长江北岸，介于北纬32°38′～33°05′、东经119°13′～119°50′。东邻兴化市，南连江都区、邗江区、仪征市，西接天长市（安徽省）、金湖县，北接宝应县。全境南至北50.04千米，东至西57.6千米。高邮市属北亚热带季风气候区，四季分明，寒暑显著，阳光充足，雨水充沛。常年平均气温15.3℃，无霜期220天，常年降水量1 036.6毫米。高邮市水面之多，居扬州市之首。美丽富饶的高邮湖有55.3%的水域面积在高邮市境内。邵伯湖北部水域和渌洋湖东北角水域亦属高邮市。境内主要灌排、交通河流有19条，即京杭大运河高邮段、澄潼河、龙须沟、人字河、张叶沟、小泾沟、三阳河、第三沟、南澄子河、南关大沟、北澄子河、东平河、横泾河、六安河、新六安河、二里大沟、子婴河、天菱河、向阳河，径流总量约1.5亿立方米，水网密度2.83千米/平方千米。

高邮湖地处高邮市城区之西、里下河低洼平原的西部边缘。北以大汕隔堤与宝应为邻，南有新王港、老王港和杨庄河等漫水闸为界，与邵伯湖相连，东接京杭大运河西堤，西部紧接高程在5～30米的平原圩区和低缓岗坡。高邮湖呈不规则的几何形态，南北长48千米，东西最大宽度为28千米。水域面积为760平方千米，防洪库容为27亿平方米。河堤总占地面积为820公顷，湿地总面积为1 180.67公顷。高邮湖盆底呈浅碟形，北高南低、东高西低之势，湖底平坦，真高程大多数在35～45米，深水区位于西南部，最低点高程为3.3米，湖盆高出里下河平原1.0～2.5米，故有悬湖之称。

2. 历史起源

早在5 000～7 000年前，高邮湖泊湿地农业肇始于璀璨的龙虬庄文化，先民们在湖沼地带采集渔猎、饭稻羹鱼。北宋时，湖区特色农产品双黄鸭蛋和高邮湖大闸蟹开始在全国声名远播。明万历年间区域内数量众多的小湖彻底连并成一个大湖，高邮湖泊湿地农业的核心生产区基本形成。

春秋时期，高邮湖地区基本演变为古潟湖浅洼平原，湖区局部浅洼地段有湖泊。春秋时期开始，高邮湖地区已经有了初具规模的开河建渠、铺路筑城和农业生产活动。

唐朝时，作为高邮地区政治、经济中心的高邮湖区新开多个堤塘，有"高邮七陂（塘）"之说。据《新唐书·地理志》记载："高邮有堤塘，灌田数千顷，元和中，节度使李吉甫筑。"

在宋元时期，由于高邮湖区域的面积不断扩大，加之其与长江水系相连，使高邮湖内的洄游性鱼类数量大大增加，进一步扩充和丰富当地的渔业资源。与此同时，这一阶段的水禽业也处于快速发展时期，当地的特色农产品"高邮鸭"便是最好的证明。虽然高邮湖区养鸭的时间较水产业相对短些，但其发展却十分迅速。这是因为鸭子特有的可水可旱生物性所决定的，致使高邮湖泊湿地成为了最佳养鸭之地。

到明清时期，黄河夺淮，二渎归一，在黄河夺淮的过程中，明清两代提倡维护河道，黄河北岸被抬高和加固。然而，在南岸的黄河分流，里下河地区常年受黄河水侵略。从此，高邮湖区开始进入一个大变迁期，区内许多小河流、湖泊不断扩大，从而连成一片。

最后在洪武初期，历史上以"高邮湖"为名的记录首次出现。大约到了隆庆年间，高邮湖由宋元时期的五湖发展为五荡十二湖。

历经明清时期的治淮过程，高邮湖泊湿地农业系统所依赖的自然环境也随之发生改变。一方面，在治理过程中，里下河地区形成具有一定规模的湿地，而且陆地、水路和水路两用地共存，三者之间还一直处于相互作用的动态之中；另一方面，水灾频发，传统农业受到了重创，导致百姓一度民不聊生。但即便面对这样的困境，高邮先民没有退缩，积极抗争，秉承人与自然和谐相处的理念，因地制宜地创造出不同的农作生计模式。

3. 技术体系特征

高邮湖泊湿地农业系统的核心技术是鱼鸭蟹稻结合的立体式农作，即在湖区陆地和水陆交错空间内实行稻鸭共作，在水体空间中实行鸭、鱼、蟹混养。区域内生物多样性十分丰富，并在广阔复杂的作业区上孕育了多样而优质的农产品，其中，中国三大名鸭之一的"高邮麻鸭"是国家级畜禽遗传资源保护品种，"高邮湖大闸蟹"和"高邮双黄鸭蛋"为国家地理标志产品。

（1）稻鸭共作模式

稻鸭共作是里下河地区最有代表性，而且也是最早建立并相对成熟的一种湿地农业的生产模式。其起源可以追寻到"以鸭治虫"技术，所谓"以鸭治虫"是指让鸭子消灭稻田内的害虫。

明清时期，随着洪水的泛滥和沉积物的南移，高邮湖的面积逐渐扩大。此外，该地区的人口不断增加，可耕地不断减少。为了避免洪泽湖上游水涨季节对水稻的影响，湖区改变耕作制度，调整了水稻种植时间导致水稻生长周期短，而对单位面积上的水稻产量提出了更高的要求。稻鸭共作是当时生产条件下的必然选择和唯一选择。

高邮湖湿地的稻鸭共作技术是以稻作水田区为作业中心，以高邮麻鸭的放田管理技术为核心的生态农业技术。从操作技术层面来讲，利用鸭子是杂食性动物，农民会把刚出生的10天左右的小鸭子全天候放入稻田之中，让它们清除掉稻田内的杂草和害虫。在此同时，鸭子的不间断活动也促进了水稻的生长，起到了增氧的效果，使得养分物质在不停循环，提高了植株的抗性。此外，鸭子的粪便可以当作有机肥料，在水稻栽培的后期，可以不再使用无机化肥和农药。放鸭的另一有利时期是稻子收割后，这时候田中有大量遗谷；水田、中后期的草籽田和麦田也可以放鸭。

（2）鱼鸭蟹虾混养模式

宋元之后，淮水南泛，里下河地区的河湖加剧扩充，湿地面积大、水生物种多，尤其盛产各种淡水鱼虾，被誉为"江北淡水产品博物馆"，当地百姓积极利用此条件，几乎达到家家捕鱼捉虾、户户捞蚌摸蟹的地步。

随着当地水产品的声名远播，对水产养殖的需求越来越大，加之野生资源的限制，发展水产养殖势在必行。当地人饲养鱼虾已经有近1 000年的历史。他们的经验和知识已经积累到相当先进和系统的水平。除养殖高邮鸭外，从青鱼、草鱼、鲢鱼、鳙鱼四大类，到地方特产青虾、螃蟹、长鱼、黑鱼、虎头鱼、甲鱼、鲶鱼等。明清时期，里下河地区的鱼、鸭、蟹等水产品名扬天下。

高邮湖湿地的鱼虾蟹高效生态混养模式中，主养的河蟹为高邮湖大闸蟹，依据虾、鱼品种与河蟹共生互利、优势互补的生物学特性，主要套养高邮湖青虾或罗氏沼虾和花白鲢，再放养一些鳙鱼等常规鱼以调节水质。过去，高邮湖主要选高邮湖青虾作主要虾种，近20年来又大力推广罗氏沼虾为主要虾种。高邮湖大闸蟹投放时间一般为3月中上旬，青虾为2月底，花白鲢则是6月上旬，历经饲料投喂、脱壳期、水质调节等环节或程序。高邮湖湿地的鱼虾蟹混养技术既高效又生态，培育出的鱼虾蟹产量高、品质佳。以高邮湖大闸蟹为例，其体型肥大、蟹黄细酥、肉质白嫩，荣获"中国十大名蟹"之一等多个殊荣，是国家地理标志产品。

（3）生物多样性

高邮湖湿地是野生动植物的天堂，目前已知植物200多种，其中有水生植物36科，蕨类植物4种，单子叶植物43种，双子叶植物34种，优势种为芦苇、菰、莲、李氏禾、水蓼、荇菜、喜旱莲子草、菱等。野生动物300多种，其中鸟类有40科194种，43种为留鸟，100种为候鸟（41种为夏候鸟，59种为冬候鸟），51种为旅鸟。省级以上保护野生动物13种，鱼类有16科67种（亚种），其中以鲤科为主。浮游生物中有浮游藻类8门141属165种，常见的有蓝藻、隐藻、甲藻、硅藻、绿藻五大类；浮游动物计35科63属91种，其中原生动物21种，轮虫37种，枝角类19种，桡足类14种。高邮湖泊湿地农业系统对当地传统的农业作物品种以及生物多样性起到重要保护作用。

4. 高邮湖泊湿地农业系统的价值

（1）生态价值

高邮湖有天赋的自然美，放眼望去，湖面上烟波浩渺，天水相连。湖水宽阔，质地良好，有丰富的浅滩湿地，为各种鱼鸟和水生植物的生长、栖息、繁衍提供了得天独厚的生态环境，被誉为鱼族的世界、鸟类的天堂、水生植物的博物馆。高邮湖湿地拥有丰富的野生动植物资源，生物多样性丰富，在保护动植物物种资源方面，发挥着综合性的功能，并产生巨大的生态、社会和经济效益，具有很高的生态价值。

（2）科研价值

湿地是自然界最富生物多样性、生态功能全面、生产力最高的生态系统。继而，湿地的生态系统和湿地生物的多样性，湿地资源的有效保护和合理利用，湿地的形成、演化、分布、结构和功能等为生物学、地理学、湿地学等多门学科的科学工作者提出了丰富多彩的研究课题。就连湿地农业发展与水土资源科学、湿地环境科学、农业水土工程、水利学、农村社会学、农业经济学等学科之间都有着密切联系。可以说高邮湖湿地是里下河地区最具有研究意义的活化石并不为过。

（3）文化价值

湿地农业系统在当地历史悠久，它的流传体现了我国"天人合一"的传统农耕思想理念，对现代生态农业的发展具有重要的启示作用。如今高邮湖湿地"稻鸭共作"农业系统是充分利用共生互利、生态位和食物链等生态学原理，以稻作水田为条件，以种稻为中心，家鸭田间网养的自然与人工相配合，利用水稻和鸭子之间的同生共长关系构建起来的一种立体种养复合生态系统，是对中国传统农业稻田养鸭的继承与发展。除此之外，高邮地区早先受楚文化的熏陶，后又融入了吴文化的内涵，深厚的文化积累，衍生出与系统密切相关的乡村宗教礼仪、风俗习惯、民间文艺及饮食文化等。

5. 文化与民俗

（1）以高邮湖为主体的水文化

高邮人对高邮湖的热爱和崇拜长达几千年的历史，高邮湖上有太多被高邮人创造和传颂的传说故事，有"荧荧有芒焰"的明月之珠、羽化成仙的玉女、白鹿所生的鹿女、蚊噆而死的露筋女、从画中滑落水底的明月、能在水上自由来往的耿七公等，即使用现代科学技术，也不能完全解释清楚这些故事传说中的现象，而广大的高邮人民世世代代并不怀疑它们是否真实存在过，仍然津津乐道，以此寄托对高邮湖水的热爱之情。高邮市市歌《高邮之歌》中，首句歌词就是"高邮湖啊，清悠悠"，高邮人民皆耳熟能详、随时哼唱。其他高邮民歌中，大多都有描写和赞美高邮湖的词句，如《我的家乡在高邮》（汪曾祺作词），《我的家乡》《高邮向着太阳走》《美丽的高邮湖》《水做的高邮》《水乡姑娘爱水乡》《彩色的水乡》等。历史上，亦不乏文人墨客在高邮湖畔留下了脍炙人口的诗篇，如黄庭坚、秦观、曾几、杨万里、萨都剌、蒲松龄等都曾在此挥毫泼墨、对酒当歌。一些高人逸士为更好地欣赏高邮湖景，还修建了一些亭台建筑，如玩珠亭、还珠亭、九里亭。

（2）以高邮麻鸭和鸭蛋为主体的鸭文化

高邮鸭是高邮湖湿地最重要、最独特和最富盛名的产品。有文字记载的高邮鸭就有1 000多年历史，其养殖历史更能追溯到春秋时代。高邮鸭和双黄鸭蛋称得上高邮人与高邮湖湿地经久谋合、世代传承的"经典之作"，从宋代开始就闻名遐迩，盛名不衰、延续千年，现已成为高邮市最具代表性的代名词和标识。高邮人民对鸭子有特殊的情感，不仅养鸭多、吃鸭多，而且还创造出了许多描写和赞美鸭的诗词歌曲。诗词首推北宋秦观所作的《寄纯姜法鱼糟蟹·寄子瞻》最为耳熟能详，民歌更是数量众多、形式多样。脍炙人口的歌曲《回娘家》开头一句即"左手一只鸡，右手一只鸭"，这也是高邮鸭俗、鸭礼的一个侧影。

（3）源远流长的"渔"文化

渔业资源是高邮湖带给高邮人最大的财富，打鱼也是湖区最古老的职业，可考历史可追溯到6 000年前。中华人民共和国成立以前，渔民多以船为家，俗称"船民"。渔民有一套历史悠久又独具特色的文化习俗。

婚嫁方面，一般的媳妇不远娶，女儿不远嫁，以本帮做亲为主。迎亲当天，男方备好彩船，船篷前悬挂用红布扎起的彩球，桅杆前竖起"喜照"，必须于当夜0:00出发。人数逢单去，逢双回头。船到女方，女方亲友的船左右靠得满满的，索要"让档礼"。凌晨4:00左右，新娘开始梳妆，由新娘兄长或舅舅搀新娘跨入彩船。彩船出发时，娘家把新娘洗脸水向彩船后泼去，表示"出门的姑娘泼出去的水"。新娘一定要在天亮前到新郎家。到新郎家后，须先在主船（公婆住的船）上拜堂。第二天早上，新郎新娘必须上主船先拜家堂，后拜船头水神，祈佑日后行船平安。

古代社会的大渔船能住两代人，小渔船只能住一房人，儿子结婚，必须另造一条新船。渔民造船，如陆上居民建房一样重要，仪式烦琐。"开木工"，要选个吉日开锯。铺置的块数和排梁的道数都要都要成单，不能成双。然后"上大捺板"，再"挡浪板"。之后5吨以上的船一定要"打排鼓"。打排鼓领头的叫刨钉手，其余的按照船缝排列，刨钉手斧头一响，所有木匠斧头凿子一起敲起来，声音整齐响亮，加上铜锣伴奏，一天打三杖，一杖打三曲。再之后就是"闭龙口"，需选好"顺治""太平"铜钱各一枚。最后才是"暖墩"。

渔民船上常供奉唐神、韦神、王令官等。每年春节后，开船大吉，渔民总要烧香、磕头，放3个爆竹，求船神保佑平安和生意兴隆。每年七八月份，渔民一个家族，集中敬神一次，购买猪头三牲、猪蹄子、香烛纸马、鞭炮等。每年开捕下簖时，也要先敬神，备好猪头、鲤鱼、公鸡、供果等。

（4）独具特色的民族文化

走进菱塘回族乡，就能感受到一股扑面而来的穆斯林风俗民情的浓郁气息。当地人信奉伊斯兰教，菱塘有一古一今两座享有盛名的清真寺。古清真寺为江苏省文物保护单位；新清真寺位于集镇主入口，占地面积5 280平方米，它们是菱塘回族乡及周边地区穆斯林举行宗教活动的场所，也是菱塘伊斯兰文化艺术和风俗民情的根脉、源泉和最高体现，因而成为菱塘的象征和标识建筑。

菱塘回回习俗是扬州市非物质文化遗产，可概括为"怀清守真、喜洁尚美"。做礼拜是回族人日常生活的重要组成部分，伊斯兰教教义是他们宗教生活和世俗生活的准则。菱塘回族人非常讲究生活卫生，家里陈设整洁，个人卫生习惯良好，家家都有小香炉，常燃断面为椭圆形的可放出清香的芭兰香，遇有节庆和人生礼仪活动时必燃。回族人娶亲有专门的风俗习惯，结婚时在"暖房日"要请阿訇诵经、宰牲、炸油香待客。婚礼由阿訇主持，并由阿訇作证婚人，宣读"伊扎布"（证婚词）。婚后小孩出生第三天，家中均请阿訇举行简单的宗教仪式，以此方式知感真主，同时为小孩取经名，一般从尊敬的圣人、圣女或大贤名中选择一个名字。取名日主家须炸油香、备宴席。

江苏无锡阳山水蜜桃栽培系统

　　江苏无锡阳山水蜜桃栽培系统是以阳山水蜜桃种植生产为主体，在发展过程中逐步演化形成的农业文化生产系统。包括水蜜桃的栽培与管理、水蜜桃加工以及与其直接相关的民俗文化。遗产地位于江苏省无锡市惠山区阳山镇，全镇水蜜桃种植面积2.1万亩。其因香气浓郁、桃肉柔软多汁、皮易剥离、糖度高、酸度低、风味鲜美而闻名。该系统于2017年被认定为第四批中国重要农业文化遗产。

1. 自然地理概况

　　"中国水蜜桃之乡"阳山镇隶属于江南水乡无锡市。无锡市位于北纬31°07′~32°02′，东经119°33′~120°38′，地处江苏省东南部、长江三角洲江湖间走廊部分，东邻苏州市，距上海市128千米，南与浙江省湖州市隔太湖相望，西接常州市，北临长江。无锡市境内以平原为主，星散分布着低山、残丘。无锡市南部为水网平原；北部为高沙平原；中部为低地辟成的水网圩田；西南部地势较高，为宜兴的低山和丘陵地区。无锡市地处江南水乡，位于长江中下游太湖流域，水网纵横，水系发达。无锡市有京杭大运河、梁溪河、锡北运河等诸多河流。

无锡属北亚热带湿润季风气候区，四季分明，热量充足，降水丰沛，雨热同季。夏季受来自海洋的夏季季风控制，盛行东南风，天气炎热多雨；冬季受大陆盛行的冬季季风控制，大多吹偏北风；春、秋是冬、夏季风交替时期，春季天气多变，秋季秋高气爽。常年平均气温16.2℃。

阳山在地质上属江南地质层，侏罗纪上统火岩系零星出露于大阳山、小阳山、狮子山，由距今约1.4亿年的中酸性火山碎屑熔合而成，厚度大于571米。这里土层深厚肥沃，地下水位较低、排水良好，火山灰岩的酸性、微酸性和富含多种微量元素的土壤，特别适宜水蜜桃的生长。

2. 历史起源

无锡桃种植历史悠久。早在宋代，民间家前屋后有种植桃树的传统，距今已有800多年历史；到清朝嘉庆年间，水蜜桃已在无锡地区栽培，明万历《无锡县志·土产》有"沿山隙地，多辟桃园"的记载。民国初年，无锡西乡一带开始出现水蜜桃种植，但不成规模，多是农户在自家门后、墙角种上一两株而已，且品质较差，果型偏小且酸，更难储运，市场销售前景以当地为主。20世纪20年代，在阳山、胡埭一带低山丘陵扩大了水蜜桃的种植，其果形大，汁甜如蜜，香味浓郁，有"阳山水蜜桃"之称。20

世纪20—30年代，无锡从上海、浙江奉化、日本等地引进大量良种，试种推广，阳山主要品种白凤、白花、笔管红等即自此期引进和改良。到解放初期，无锡水蜜桃获得了长足的发展，20世纪50年代中期，阳山地区水蜜桃园星罗棋布，面积达10 331亩，除供应本地外，独占了上海的鲜桃和加工桃市场。1984年开始，政府大力扶持和发展水蜜桃产业，经过三次农业结构调整，使水蜜桃产业成为阳山地区的农业主导产业。另外，依托于水蜜桃农业产业，阳山开始发展文旅产业、休闲农业等，进入了水蜜桃产业的全面发展阶段。阳山镇现农业用地总面积为31 751亩，其中蔬菜343亩、园艺28 690亩、林木765亩、渔业1 944亩、牧业9亩。园艺占用最大比例，计90%，其中绝大部分是桃树。现以水蜜桃为代表的高效农业占全镇农业的比例达到98%，全镇水蜜桃种植面积达21 000亩。2018年，阳山水蜜桃总产量21 216吨，总产值40 310万元，每吨价值平均为19 000元，阳山镇农民从水蜜桃产业中获得的收入占总收入的80%以上，已形成从生产、贮运、加工到流通的产业链条并逐步拓展延伸，产品远销全国各大中城市，并且还走出了国门。

3. 阳山水蜜桃栽培技术与管理

自南宋以来，无锡地区素有植桃传统，积累了宝贵的生产经验，并一代代传承。民国年间，阳山桃田几乎不用化肥和农药，施以豆饼、发酵的黄豆、螺蛳、鸽子粪等肥料，对结果时期的桃子使用套袋，以防范病虫害发生，减少药物对产品及水土的污染；并通过嫁接繁育，不断引进良种，扩大生产。直到现在桃农们仍在沿用这些技艺，注重保护生态，实现了农业的可持续发展和人与自然的和谐发展。

（1）建园

园址选择要求地块土层厚，地下水位在1米以下。桃树不耐水淹，也不耐盐碱，所以夏季积水、地下水位高、重度盐碱土等地块上不宜建园，否则，易造成黄叶、早期落叶甚至死树等症状。排水良好、光照充足，能避免风害侵袭且无污染源的地方。另外土壤以砂壤土、微酸性土壤为宜，应避免重茬。在阳山地区，特别是水稻田改种的桃园，提倡开挖园沟，做成瓦状塍面。塍面定植点与塍沟的高距要求约0.6米，以降低地下水位，加厚根系活动层，有利于根的生长与吸收。

（2）幼苗定植

定植时，对于可以自花授粉的桃树品种，可以不用间植授粉树；对于无法自花授粉的桃树品种，应该配植授粉树，还要进行人工授粉。定植时间一般在春天桃树发芽之前或者秋天落叶之后，秋栽比春栽好，因为秋天桃树根系有足够时间恢复生长和愈合伤口。栽植时行距多为4米，有利于树冠发展。但也要因地制宜，平地的距离比山地宽，山地的株距多为3~4米，行距多为4米，平地的株距多为3.5~4.5米，行距多为4~5米。而现多提倡宽行窄株的栽植方法，即3米×5米、3米×6米的方式，这种栽植方式成形后，行间通风透光条件较好，便于农事操作，还有利于防治病虫害，是今后的发展趋势。定植要选择的苗木应芽苗根系发达，接芽饱满、无检疫性病虫、无机械损伤，应将损伤根和过密、过长根除去。

定植前应先挖定植沟或定植穴，要在栽前一个月挖好。按行距划畦开沟，再在畦面中心线挖定植穴或定植沟，其直径不小于1米，深0.6~0.8米，长、宽均为0.3米。将苗木放入穴中央，砧桩背风，使根系理顺，填土和提苗、踏实同时进行，使嫁接口高于地面约5厘米。定植穴沟底填入厚0.3米左右的作物秸秆，挖出的表土与腐熟有机肥及复合肥混匀，填入穴、沟中使土层深度为0.2米，此时浇上足够的水，为保墒再盖上一层土壤。在定植点上，堆起高于畦面0.3米的定植墩。定植后要保持对水土的维护和管理，及时灌溉，适当补种。农家通常在树干周围做直径1米的树盘，灌水浇透，覆土保湿。为提高树苗的抗风性，可以设置辅助支架。幼苗缓苗期后，薄肥勤施，促进小树健壮生长。

（3）土壤管理

深翻改土：建园1~4年，幼树每年深翻一次，盛果期可隔年翻土，以保持树盘范围内的土壤通气性。深翻时间为10月底至11月初，同时配合肥料的施用，深度15~25厘米。深翻时两侧向塄中翻，以利拉高塄背，并起到根际培土的作用。

除草覆草：中耕除草是为了保持土壤疏松、不生杂草，减少地面水分蒸发。4月下旬至5月上旬，灌溉后耕地深度8~10厘米，以达到提高地温和保墒的效果；6月下旬，宜浅耕，约5厘米，尽量少伤新根；9月初，采收后，全园进行中耕松土，可稍深，以利排水。

覆草是将草覆盖树盘周围，尤其在须根生长密集处，其面积不小于树冠投影面积，幼龄树等于或大于定植穴面积，起到了保墒作用。覆盖时间应为6月下旬至7月上旬气候变得干旱之前，这样才能防旱。覆盖方法是先将覆盖区的表土进行翻松，再均匀地铺上秸秆、青草，然后盖上层薄土。

（4）施肥管理

施肥种类：1949年以前，阳山桃田用豆饼、螺蛳等肥料，几乎不用化肥和农药，结果期使用套袋防病虫害，减少药物对产品及水土的污染。现在阳山桃田施肥是以优质有机肥为主，以有机生态肥和磷钾肥为辅。

施肥方法：阳山水蜜桃施肥方法有枝干涂抹、喷施和叶面喷施等根外施肥，生产上叶面施肥最常用。还有土壤施肥，有轮状施肥、辐射状施肥、全园施肥和条沟施肥，此施肥方法在现代果树种植中已相当普遍。施肥分为施基肥、追肥。深秋至初冬是桃树施基肥的最佳时期，在阳山地区最佳时期在10月初至11月底。成年树用环形沟、辐射沟或全园撒施均可。肥料用厩肥、堆肥、土杂肥、绿肥、饼肥均可，加适量氮、磷、钾复合的化学肥料及钙、硒等中微量元素。

施肥时间：桃田一年追施4次。花前肥是在3月中旬施以速效氮肥，每株施腐熟人畜粪尿水50千克，结合灌花前水施入，效果好而又省工。壮果肥是在5月中下旬果实第一次膨大期，每株桃树施有机肥和复合肥。在雨水多的年份，晚熟品种如晚湖景、白花等不宜重施，否则会加剧生理落果。催果肥是在中、晚熟桃膨大期前，根据桃树长势情况每株施高钾型硫酸钾复合肥0.25～0.4千克。采后肥是9月初每株施氮、磷、钾复合肥0.5千克，提高叶片光合作用和树体营养储藏水平。

（5）水分管理

桃田中要协调好灌水和排水技术。在排水技术方面，每一行或每两行挖一条灌排水沟，并与田外沟相接，做到田内外沟系配套。实现雨季雨停水干，确保不积水。在灌水技术方面，要注重灌水时期和灌水方法。

灌溉时期上，首先在开花前（花前水）进行灌溉，以促进生芽。其次是幼果膨大期（花后水）进行灌溉，减轻生理落果，促进果实增大和枝叶生长。最后在果实膨大后期（催果水）灌溉，硬核期后果实进入后期旺盛膨大期，要视降水情况酌情处理。由于春季阳山地区雨量充沛，因此一般不需灌花前水和花后水。但若连续一周不下雨，此后一段时间也不会下雨，需及时灌水。灌溉方法上则应用地面灌溉、喷灌和滴灌等。

（6）人工授粉

有的桃花有花粉，有的没花粉，对于没有花粉的品种，阳山人通过人工授粉来实现稳产高产。阳山地区需要人工授粉的品种有：银花露（朝阳）、北农205、朝晖、阳山蜜露（阳山2号、大湖景）、白花。人工授粉首先要采集花粉。花含苞待放时，结合疏花、复剪，采集花粉多的花朵（如晚湖景、新白凤、中湖景等），用人工剥下雄蕊，使花药平摊在盘内或纸盒内，在22～25℃的条件下自然干燥，一般2小时左右就可使花药开裂散出花粉，最后放在避光的干燥容器内保存。授粉时间要在盛花初期（花开30%）开始授粉。授粉时用杆子的一头绑上薄海绵作为授粉工具，蘸花粉一次，可授3～5根结果枝，每根枝均匀点2～3朵花。

（7）病虫害防治

阳山镇围绕"重点防控枝枯病、梨小食心虫，兼顾防治其他病虫害"的绿色防控思路，采取绿色防控综合措施，有效管控病虫害的发生，提升阳山水蜜桃的桃果品质。具体防治措施如下。

农业综合防治措施：通过塑造高冠树形来改善桃园的通风透光性能；通过对桃果进行套袋、控制阳山水蜜桃结果树的桃果合理负载量、对阳山水蜜桃结果树进行科学疏枝疏果等，提高阳山水蜜桃结果树对病虫害的抗性；通过开展水蜜桃冬春两季清园，对桃园内废弃枝条统一进行无害化处置，使用石硫合剂等，快速降低桃园内的病原菌数量，有效控制病原菌发生基数。

生物防治措施：应用梨小食心虫性信息素迷向防治技术，最大限度地减少梨小食心虫的发生及为害。

化学防治措施：以无锡市阳山水蜜桃病虫害预测预报体系为依托，开展适时用药；改变传统的定期施药习惯，结合病虫害发生规律和基数变化，制定科学的化学防治技术方案，提升防治效果；利用桃园内病虫害的实际发生情况，进行有针对性的化学防治。

4. 无锡阳山水蜜桃栽培系统的价值

江苏无锡阳山水蜜桃栽培系统是第四批中国重要农业文化遗产之一，其承载的水蜜桃品种资源、桃栽培技术、加工利用方式、民俗文化等农业文化遗产，具有多方面的价值和作用，具体概括为历史价值、生态价值、经济价值、文化价值、科技价值和社会价值等，这些价值体现了水蜜桃文化遗产的功能多样性。

（1）历史价值

总体来说，阳山水蜜桃是历史名种上海水蜜桃的传承和发展，同时吸收融合了日本和奉化等地在上海水蜜桃基础上改良的成果，是每一代种桃人辛勤劳动的见证和结果。

（2）经济价值

水蜜桃产业为阳山人提供了可以进入市场的水蜜桃商品及其副产品，因此带来了可观的经济收入。阳山镇农业结构中，98%都是以水蜜桃为代表的高效农业，2010年阳山镇水蜜桃总产量1.8万吨，总产值1.7亿元，人均年增收2 500元；桃农户均存款超15万元，桃树亩均产出达1.3万元，桃农人均纯收入超1.3万元。2018年，阳山水蜜桃总产量21 216吨，总产值达4亿元，桃树亩均产值1.9万元，桃农总人数1.3万人，农民户均存款超过了15万元，该镇农民从水蜜桃产业中获得的收入占总收入的80%以上，水蜜桃的直接经济效益还在不断提升。

同时，利用水蜜桃景观资源，加快旅游产业的建设。目前已建设桃花岛景观公园、阳山桃文化博览园、阳山温泉度假村酒店等旅游景点和设施，促进阳山旅游业由单一观光型向度假休闲型转变，使阳山成为著名的休闲旅游度假胜地。

（3）生态价值

阳山水蜜桃农业系统具有养分循环、气候调节与适应、病虫草害控制、维持生态系统稳定性等功能。阳山镇全镇绿地覆盖率达到了70%，大面积种植的桃树和其他植物通过光合作用等生物过程，可以促进养分的循环；加上阳山水系密集，形成了江南罕见天然"大氧吧"湿地系统，不仅可以净化空气，还能调节附近的小气候，使得镇里的自然环境气候温暖、平稳；优良的自然环境为农林病虫害之天敌提供了繁育基地，比如在阳山桃林地里可以养殖桃园鸡、桃园鸭等，既为鸡鸭提供了生活场所，又能有效减少病虫害；同时良好的自然环境为珍稀鸟类提供了繁衍生息的场所，阳山吸引了白鹭等以湿地为主要栖息地的鸟类在此筑巢栖息，为摄影和观鸟爱好者提供了绝佳去处。而水蜜桃生产系统拥有的生态功能，使其与外界的能量交换基本处于动态平衡，维持了生态系统的稳定。

（4）文化价值

阳山人在长期种桃、育桃、售桃、赏桃、吃桃等生活过程中，逐渐形成对水蜜桃和家乡阳山的肯定性认同和情感归属，并在长期生产过程中，乡里乡亲之间交往形成了一种特别的生活协作方式。这样的文化认同可以加强阳山人民的凝聚力，是阳山人统一认识、齐心协力做大做强水蜜桃产业和相关文旅产业的精神纽带和精神基础。阳山在水蜜桃产业的带动下发展得越来越好，各种资源被逐渐吸引过去，阳山人在家里就能有工作、挣大钱，进一步促进阳山人对水蜜桃产业的认同感，使其纷纷以从事水蜜桃相关产业为荣，全心全意建设家乡，更加有利于阳山的发展前景，促进阳山水蜜桃栽培系统的保护。

5. 文化与民俗

（1）桃文化与生命礼俗

桃文化贯穿于吴地人民的生命礼俗，从诞生、成年、婚庆、寿礼等庆典中可以看出。根据旧时习俗，初生婴儿要佩桃头，意思是男孩6岁之前要理"桃形"的头发，6岁举行"授头顶"仪式，即将桃形头发理掉，然后留发束冠，便可入学读书，此为成童礼，颇为隆重，充分反映了吴地人民对男孩接受教育的重视，也反映了尊师重教的礼仪。

吴地民俗对女孩"授头发"的仪式也同样重视，女孩13岁时在乞巧节要举行"授头发"仪式，届时，堂屋中供女马星官，供桌上点红烛、香，米制寿桃12个，寿糕一盘等。吃过午饭，放两个炮仗，女孩站在蒲石上，由母亲或舅母为女孩修面绞汗毛，将梳的长辫解开，改梳成妇女的发型，扎包头巾，穿妇女衣裳和绣花鞋；然后跪拜女马星官像，就标志着少女已经成年，今后要参加劳动，并可以结婚了。

桃被奉为"仙果"，代表着长寿。《神异经》载："东方有树……名曰桃。其子径三尺二寸，小核味和；和核羹食之，令人益寿。"《神农经》曰："玉桃，服之长生不死。若不得早服，临死日服之，其尸毕天地之朽。"更有传说王母娘娘蟠桃会上的蟠桃，食之可以长生不老。吴地之人，从50岁时开始做寿，然后逢十过寿，但应提前一年，称九不做十。60岁花甲称大寿，做寿当天要办酒席招待亲朋好友，村上每家每户分发寿桃寿糕。做寿时桃是必不可少的，桃是长寿、成仙的象征。南极仙翁长一个桃子头，手捧一只桃，得以体现。在这种观念下逐渐形成的习惯，一直存在于人们的生活中。

（2）桃文化与日常生活

春联源自"桃符"。明朝之前，吴地阳山人民在门房悬挂桃木板，上画"神荼""郁垒"兄弟，用以镇邪驱鬼，并于每年岁首更换。"千门万户曈曈日，总把新桃换旧符"即为此意。除此之外，阳山其他日常活动，如庙会、扫墓、祭祀等，都少不了供奉桃、桃头、桃木。桃文化深深地融入阳山人民的日常生活中。在阳山，以桃命名的行政村名、休闲服务业名、景点名、公司名、路名、人名等数不胜数。行政村名有桃源村、桃园村等；休闲服务单位名有无锡华锦水蜜桃专业合作社、阳山桃源轩等；公司名有无锡太湖阳山水蜜桃科技有限公司、桃香果业有限公司等；景点名有阳山桃文化博览馆、桃花岛景区、田园东方蜜桃村等；路名有桃源东路、桃源中路、桃源西路等，可见桃文化在阳山人民生活中无处不在。吴地的桃文化，深深地存在于人们的思想观念中，直到如今，当地民众还在不断丰富着桃文化。阳山桃农兼收藏家张文清有收集香烟的习惯，至今收集了3 000多张烟标，为丰富当地的桃文化，他专门归类了一组以"桃"为主题的作品，为阳山桃文化增添了新内容。桃文化与吴地习俗的融合，体现了桃文化的包容性和丰富性。

江苏吴中碧螺春茶果复合系统

　　江苏吴中碧螺春茶果复合系统，是以洞庭山碧螺春茶与柑橘、杨梅、枇杷等各种果树复合种植、洞庭山碧螺春茶采制工艺、洞庭山碧螺春茶文化为核心的农业生产系统。该系统在生产过程中保育了茶果种质资源，发挥了重要的生产功能和生态系统维护功能，呈现出独特的人文和自然景观特征。该系统通过在低山丘陵地区，实施碧螺春茶与枇杷、柑橘、杨梅、枣等多种果树的复合立体种植，形成了梯壁牢固、梯度布局、水土保持良好的茶果模式。洞庭山碧螺春茶与柑橘、杏、枇杷、李子、杨梅等果树交错种植，枝丫相连，根脉相通，果树花粉、花瓣、果实等落入土壤，化作春泥为碧螺春茶提供养分并赋予茶树果味、花香，在相互熏陶下，茶吸果香、果窨茶味，使得洞庭山碧螺春茶拥有了其他产地所没有的天然的茶香果味。该系统于2020年被认定为第五批中国重要农业文化遗产。

1. 自然地理概况

　　吴中区位于苏州的地理中心，北与苏州古城、苏州工业园区、苏州高新区接壤，南临苏州吴江区，东接昆山市，西衔太湖，与无锡市、浙江省湖州市隔湖相望。地理坐标为东经119°55′~120°54′，北纬30°56′~31°21′。

吴中区为太湖水网平原区的一部分，地势低平，水网稠密，湖荡众多。低山丘陵呈岛状分布在区内西南太湖沿岸的平原上或太湖之中，以阳澄湖为主的湖群偏集于东部，整个地势由西南向东北微微倾斜。全区平均海拔约为5米，穹窿山主峰海拔341.7米，为全区最高点。

吴中区属北亚热带湿润性季风气候类型，加上太湖水体的调节作用，具有四季分明、温暖湿润、降水丰沛、日照充足和无霜期较长的气候特点。

吴中区属长江下游南岸太湖流域水系的平原水网区，河港纵横，湖荡密布，为著名的水乡泽国。区域西衔太湖，东含阳澄湖与澄湖，北有望虞河连接长江，南有吴淞江沟通海域，京杭大运河纵贯南北，胥江、娄江横穿东西。20多条骨干河道汇合区域内20多个湖荡形成西引太湖、东入长江的自然水系，遍布区域内的塘、浦、河、港又串通其间，起着调引、蓄纳和吞吐的脉络作用，构成一个较为完整的湖荡河网系统。

洞庭山植物种类丰富，生长繁密。有松树、杉木、白栎、冬青、麻栎及人工营造的银杏、枇杷、杨梅、板栗、柑橘、桃、梅、石榴等十多种果树。茶树栽培于果树、林木中，林木覆盖率在80%以上。茶果间作是碧螺春茶最具特色的栽培方式，茶果间作方式是以茶为主，在茶园中嵌种果树，以25%~35%的覆盖率为宜。

2. 历史起源

洞庭碧螺春是中国十大名茶之一，属卷曲形炒青绿茶类。苏州太湖之东西洞庭山为碧螺春原产地。洞庭山产茶历史悠久，早在唐代时就已经载入典籍。茶圣陆羽《茶经·八之出》载："苏州长洲县生洞庭山，与金州、蕲州、梁州同"，此时的茶叶已经加工为蒸青团茶。

北宋乐史撰《太平寰宇记》（987年前后）："（江南东道苏州长洲县）洞庭山……山出美茶，岁为入贡。"宋代朱长文《吴郡图经续记》："洞庭山出美茶，旧入为贡……近年山僧尤善制茗，谓之水月茶"。水月茶又称小青茶。西洞庭山小青山玛水寺即唐代贡院遗址，今尚存有一段石牌，是刻于明正德十四年（1519）的《水月禅寺中兴记》碑，上刻宋代诗人苏舜钦诗："水月开山大业年，朝廷敕额至今存，万株松覆青云坞，千树梨开白云园，无碍泉香夸绝品，小青茶熟占魁元。当时饭圣高阳女，永作伽蓝护法门"。说明宋代洞庭山所产水月茶品质高，其生长环境良好，并且已经积累了一定的茶叶加工技术，为后来碧螺春茶的出现创造了条件。

自明代至清初，洞庭茶采制技术又有进展，如"西山云雾""包山剔目""东山片茶"等产品品质可与同期的"虎丘茶""松萝茶"相媲美。其外形内质已趋向于"碧螺春"。现有史料最早记载"碧螺春"的是《随见录》，该书佚，史料源自清代陆廷灿《续茶经》（1734年）"洞庭山有茶，微似弁而细，味甚甘香，俗呼为'吓杀人'，产碧螺峰者尤佳，名碧螺春。"据清代王应奎《柳南续笔》（1757年）："洞庭东山碧螺峰石壁产野茶数株，每岁土人持竹筐采归……历数十年如是，未见其异也，异香忽发，采茶者呼吓杀人香"。己卯岁康熙三十八年（1699），车驾幸太湖，宋公（指抚臣宋荦）购此茶进，上以其名不雅，因以碧螺峰为名，赐题该茶为"碧螺春"。碧螺春茶起初俗称"吓杀人香"，因其产于碧螺峰者有名，以后东、西山采制的茶也都渐改制碧螺春。

碧螺春产生后，以其独特的风格和超群的品质，取代了苏州所有名茶，独秀一枝，并成为清代贡茶，从此享誉海内外。

3. 碧螺春茶果间作技术与管理

碧螺春茶果复合系统通过茶与果树的复合立体种植，形成梯壁牢固，梯度布局，水土保持良好的茶果模式。碧螺春茶树喜阴惧寒，果树喜光耐寒，两种作物共荣共生，实现了茶果之间的养分循环利用，肥水一体化管理模式。碧螺春茶果复合系统独特的种植模式，有效提升茶叶中微量元素含量，增加茶叶中具有保健功能的儿茶素，同时在有限的土地上产出枇杷、马眼枣、乌紫杨梅等多种水果，造就了碧螺春茶独特花果香的优良品质。

茶果间作好处很多，我国古代劳动人民已经进行过许多尝试，留下了宝贵经验。明朝《茶解》中说："茶园不宜杂以恶木，唯桂、辛夷、玉兰、苍松、翠竹之类，与之间植，亦足以蔽覆霜雪，掩映秋阳。"即茶树切不可与有臭味的树木种在一起，与茶树间作的必须是气味芬芳、质地优良的树木，可见茶树、佳木间作古人已十分重视。根据今人研究，茶树在果树适当遮光的条件下，不仅能提高产量，而且在一定程度上能提高绿茶的品质。据研究表明，荫蔽度达到30%~40%时，茶树体内氮代谢明显增加，蛋白质、氨基酸、咖啡碱、叶绿素等含氮化合物的含量显著增加。遮阳后，芽叶嫩绿，叶质柔软，鲜叶中的茶氨酸、谷氨酸、天门冬氨酸、精氨酸和丝氨酸有显著增加，制成绿茶后滋味鲜醇。

茶树与林果间作也改善了茶园的小气候环境。春季温湿度均高于露地茶园，因而间作茶园发芽早而整齐，开采较早。夏季平均气温则低于露地1~2℃，尤其是水分蒸发量减少，土地含水量提高3%~10%，有利于茶树生长，减少了干旱危害。冬季寒潮来临，能起到防风作用，对冻害防御效果明显。再加上果园每年要施大量猪羊厩肥、菜籽饼等有机肥，有的还会加施湖泥。

茶果间作是一种充分利用土地、发挥土地潜力、提高单位面积产值的栽培方式。洞庭山农民根据果树种类的不同，果园的大小，创造了不同形式的间作茶园，大体可归纳为以下4种。

第一种栽种在梯田两边，根据梯田的宽狭种一行或两行；梯田台面宽的（6~8米）内外侧各种一行，台面狭的，在外沿种一行。

第二种栽种在果园四周，凡是果树株行距较密的，只能在果园边栽上茶树。

第三种栽种在果树株行间，这一般是株行距较大的，在保证果树留有直径3～4米施肥塘的范围内，凡有窄隙就种茶树。

第四种栽种在果园道路旁，像绿篱一样。总之就是利用一切空地栽上茶树。

洞庭山茶农认为，枇杷、杨梅、柑橘、梅树、板栗最适宜间作茶树。一般果树覆盖度不要超过50%，过密则影响茶树生长，且必须补给充分的有机肥料，以免果茶争夺养分。并注意防治与果树相同的害虫。

（1）茶树种植技术

开挖种植沟，施足底肥。在梯田外侧、内侧或果园周围，开挖种植沟。沟宽80～60厘米。沟底铺稻草1 000千克/亩，再覆一层土，然后施饼肥200千克/亩，另外施复合肥15千克/亩。分层施入种植沟，肥土拌匀，上覆薄层表土，宜在种植前1个月完成。

茶籽直播。选用有性良种，将茶籽倒入容器中，用清水浸泡2～3天，每天换水1次。沉于水底的是质量较好的茶籽，而浮于水面的是比重小、质量低劣或变质、腐烂的茶籽，应剔除。茶籽播种期以当年11月至12月中旬为宜，也可于早春2—3月播种。但冬播比春播出苗早，成苗率高。播种前用锄头按标准挖播种小穴，双行种植的小行距40厘米，小穴距离30厘米；单行种植的小穴距20厘米。每穴播籽3～5粒，覆盖土3厘米。再铺上稻草、糠壳、秸秆等。以保持水土，防止干旱，提高出苗率。

扦插育苗。茶苗移植时间以春季2月上旬至3月中旬为宜。单行条植，大行距150厘米，株距25～30厘米；双行条植，大行距150厘米，小行距33厘米，株距25～30厘米，呈三角形排列。每穴植茶苗2株。茶苗要求无性系中小叶良种，苗高30厘米左右，茎粗3厘米左右，具有两个分枝以上，根系生长发育良好。

洞庭山茶树修剪。主要是培养"壮、密、齐、茂"的树冠结构，保持茶树生长旺盛，实现茶树持续优质、高产、高效的重要技术措施。其作用主要如下。

形成良好的树冠结构：由于茶树具有顶端优势的生物学特征，未经修剪而自然生长的茶树，自然向高度发展，分枝稀疏。而且不同的茶树个体的树形高低和大小不整齐，各级分枝排列分布不均匀。修剪的目的就是按人们的要求控制茶树向高度发展，促使侧向分枝生长，并形成各级分枝的合理布局和良好的树冠形状。提高树冠面上的生产枝的密度和新梢的再生能力，构成高产优质树冠结构，也便于茶叶采摘。

更新复壮茶树，促进新梢生长：茶树树冠面上的生产枝，经过多次萌发新梢以后，就会逐渐老化并形成鸡爪枝，育芽能力下降。修剪能促使重新萌发新生产枝，增强新梢的再生能力和持嫩性，提高茶叶产量及品质。

让茶树得到充足的光照：除去病虫枝、老弱枝，增加树冠内部通风透光，减少和抑制病虫害的发生和蔓延；使茶树上下不同层的叶片都得到充足的光照进行光合作用，提高茶树的整株光合效率。

20世纪80年代后期，根据碧螺春茶要求早采、嫩采及不采夏、秋茶的特点，采用并推广了不同于常规的立体采摘树冠修剪技术。其核心是由原先的平弧形采摘改为立体采摘，而采摘对象从春茶、夏茶、秋茶，改变到以采摘春茶为主。在茶开采时间上比原来提早5~7天。在碧螺春茶的产量上比常规修剪提高10%~20%。立体采摘修剪后，茶树新梢的百芽重、持嫩性和正常芽叶的比例均有显著提高，所以高档碧螺春的增产更明显。

立体采摘树冠培养技术的操作方法如下。

幼龄茶园：平均树高35厘米的3足龄茶园，在碧螺春茶采摘后，4月中旬进行修剪，修剪高度比上年剪口提高5~6厘米，剪下枝叶全部摊放园地。采摘春茶，留养夏茶、秋茶。翌年继续按此程序办，就形成立体采摘树冠了。

青壮年茶园：春茶结束后，4月下旬修剪，高度控制在离地40~60厘米处重剪。一般茶树长势旺盛则修剪轻一点，长势稍差则重一点，剪下枝叶一半清理出园，一半铺在茶园里，留养夏茶、秋茶，后期新梢长至40厘米以上时打顶养蓬。

衰老茶园：在采摘春茶后，4月下旬立即台刈。一般在茶树根茎处或离地10~20厘米处，砍去全部枝条，切口要光滑，倾斜，切忌砍破桩头，以防感染病虫或滞留雨水，影响潜伏芽萌发。台刈后在茶行间深翻30~40厘米，结合施200千克/亩菜籽饼，加20千克/亩氮磷钾复合肥，或用2 000千克/亩猪羊厩肥，并铺上稻草，以防水土流失。留养夏秋茶，防治病虫害。翌年继续春茶后修剪，剪口比上年提高5厘米。

（2）耕作与施肥

洞庭山区传统的茶果间作茶园，耕作与施肥都以果树为主，兼带茶树。一般每年翻土1次，碎土耙平1次，除草3次。即在冬至后（12月下旬）用四齿耙进行全园翻土，通常深10~15厘米，到翌年清明前（3月下旬）将土打碎耙平，称为"耖"，此后除了施肥开塘翻土外，不再进行中耕，只进行削草三次。由于筑有梯田，加上密植关系，树冠荫蔽，所以水土保持好，杂草很少。洞庭茶果所施肥料为农家肥料，有猪羊厩肥、湖泥、人粪尿、生活垃圾等。尤以厩肥最为重要。农家饲养湖羊不放牧而圈养（2006年存栏湖羊4万头，平均每头羊能积羊粪25担，1担约合50千克），通常以猪羊粪便、蓐草和饲料残余混合物堆贮备用，称为猪窠灰、羊窠灰，大多数地方无论基肥或追肥都用这类肥料。

施肥时间和用量因树种、树龄而有不同。对幼龄果茶树采用薄肥勤施方法，一般用稀薄人粪尿，俗称"一月一勺，三年可摘"，是非常合理的。对成年茶果园有一年施肥一次和两次的不同。

以柑橘园为例，每年施一次的都在秋后至春季开花前施肥，一般每亩用厩肥2 000~3 000千克。每年施两次的，除上述一次厩肥外，8月加施一次追肥——每亩1 000~1 500千克厩肥，掺大量的水，名为"淘浇"，这在秋旱季节，兼有灌溉作用。枇杷施肥略有不同，年施两次者，第一次在3月，每亩施猪羊厩肥2 000千克。第二次在10月下旬至11月上旬，施用粪尿2 500千克/亩。落叶果树如杨梅、板栗等，多数一年施肥一次，在休眠期施肥。

施肥方法都用开塘施肥。塘的大小与树冠大小相等或略小，在此范围内的土地全部挖去15~20厘米深的土壤，做成一个以树干为中心的围塘，将厩肥撒入塘内，放置一周后再覆土。施肥的要点是"穷灰富塘"，就是指塘要开得大，灰要撒得薄而均。

施追肥大多采用"淘浇"，即同样施厩肥，但同时施给大量水分。施肥时用桶盛水，将厩肥放水中搓掏后倾放塘内。水的用量因气候而不同，50千克厩肥掺水200~400千克。天气干旱时用水量较多，这种结合灌溉的施肥法是洞庭山农民的创造。

改革开放后，随着名优茶生产的蓬勃发展，碧螺春茶的经济效益飞速提高。进入21世纪后，洞庭山农民的茶叶收入已占农业收入的60%，果树收入所占比例逐年下降。

所以20世纪80年代后，逐渐形成了以茶树为主的耕作施肥技术，其方法如下。

幼龄茶树：幼龄茶树仍保持传统的薄肥勤施方法，当年新栽茶苗成活后，用稀薄人粪尿泼浇，一般每月一次，干旱时可与抗旱灌溉结合，增加一两次，秋季开沟施下茶树专用复混肥50千克/亩，饼肥100千克/亩，以增加磷钾肥和微量元素，促进根系生长和健壮骨架枝。

成龄茶树：成龄茶树以有机肥为主，配合少量化肥；以基肥为主，结合追肥；以氮肥为主，适量配施磷钾肥及微量元素。洞庭山农民一般在2月上中旬施催芽肥，常用肥料品种有尿素、硫酸铵、碳酸铵等，追肥量折合纯氮15千克/亩左右。于茶行上坡开浇沟施入，随施肥随盖土。基肥在茶树修剪后（4月下旬至5月上旬）或秋季9—10月结合深耕开挖深沟（20~40厘米），亩施猪羊厩肥2 000~2 500千克，或用菜籽饼100~150千克，再加上氮磷钾复合肥30千克，或用茶叶专用有机无机混合肥50千克/亩。

洞庭山农民认为施足施好基肥对春茶的早发和增加茶芽密度、百芽重起重要作用，是碧螺春茶高产、优质的关键。

（3）病虫害防治

洞庭山茶区对病虫害的防治以化学农药、植物源农药、矿物源农药为主，并采用改善茶园生态环境、农业防治、物理防治相结合的综合协调治理方法。茶树的主要害虫为假眼小绿叶蝉、茶橙瘿螨、茶尺蠖等。在化学农药防治上以赛丹为主，兼用天王星、氯氰菊酯、阿维菌素。以菊酯类与有机磷农药复配为主。在绿色食品茶园、有机茶园采用苦参碱、鱼藤酮等植物源农药。冬季封园时采用矿物源农药石硫合剂消毒。在农业防治上，通过修剪、中耕除草、合理采摘来抑制小绿叶蝉和螨虫。秋冬季深耕时，将在表土叶表上和落叶层中越冬的害虫茶尺蠖、刺蛾的蛹及各种病原菌，深埋入土。增施有机肥少施化肥以抑制螨类发生。物理防治主要采用灯光诱杀，在田间设置诱蛾灯，用高压电网触杀有趋光性害虫的飞蛾。营造生态林、防护林，以调节茶园小气候环境，为有益生物提供庇护的场所,使害虫天敌得以繁衍。

4. 洞庭山碧螺春茶采制工艺

经过长期的发展演化过程,碧螺春茶果间作系统已成为集农业生产、生态保护、文化传承等多种功能于一体的复合型农业生产系统,包括结构合理的茶果产业发展,科学的茶果园管理技术,历史色彩浓郁的贡茶、贡果和手工采茶拣茶炒茶等传统文化,集自然遗产、文化遗产、非物质文化遗产等特点于一身。这些传统技艺和文化中,最著名的要数国家级"非遗"——碧螺春茶制作技艺。

凌晨5:00,茶农就需要出发去茶园采摘,为了保证洞庭山碧螺春的品质,在芽尖刚冒头时就需要摘下,采摘方式为一芽一叶或一芽两叶,不止采摘过程非常耗时,采摘后,鲜叶需要被及时送下山进行挑拣,此外,鲜叶还须当天炒制完成,不能隔夜。

碧螺春包含高温杀青、热揉成形、搓团显毫、文火干燥四道流程。其采制流程全部由手工完成,至今仍完全采取传统的采制技艺,"手不离茶,茶不离锅,揉中带炒,炒揉结合,连续操作,起锅即成"是洞庭山碧螺春茶制作技艺的技术要领。于是,茶芽成了"卷曲成螺,茸毛密布"的茶叶。

高温杀青:温度在300℃左右,取一斤二两(600克,1两=50克,全书同)左右的鲜叶投入炒锅进行高温杀青,需要双手不停地快速翻炒3~5分钟,边炒边抖,要让嫩叶杀青均匀;紧接步入"热揉成形"环节,在此步骤开始前,需要先将锅温降至75~85℃,需要边炒、边揉、边抖,翻炒10~15分钟后,将鲜叶炒软揉叶成条;再接着开展"搓团显毫"步骤,当茶叶被炒制六七成干后,继续降低锅温到65~75℃,将炒锅内的茶叶放进手心,用力揉搓成一个个茶团,随后将茶团抖散翻炒,反复多次揉搓12~15分钟,直至茸毛出现,这一环节是茶叶成形卷曲的关键过程;当茸毫显露达八成干左右后,进入文火干燥过程,采用轻翻轻炒手法固定茶叶形状,以此烘干水分,全程需要

大约15分钟，当茶叶含水量达7.5%以下后，起锅摊晾。

5. 茶文化

唐代茶圣陆羽《茶经》中，把苏州洞庭山碧螺春列为我国重要的茶叶产地之一，载有"苏州长洲县生洞庭山，与金州、蕲州、梁州同"，此时的茶叶已经加工为蒸青团茶。

北宋乐史撰《太平寰宇记》，其中记载："（江南东道，苏州长洲县洞庭山）按《苏州记》云，山出美茶，岁为入贡。故《茶经》云，长洲县生洞庭山者，与金州、蕲州、梁州味同。"在宋代，洞庭山有一座名为水月的寺院，院内的僧侣善制茶，名为水月茶，实为碧螺春，受到当时权贵的喜爱。此茶的品质比唐代陆羽写《茶经》时明显提高，已成为入贡的上品茶。宋代诗人苏舜钦到西山水月坞，水月寺僧曾将焙制的小青茶供其饮用，苏舜钦饮茶后，写下《三访上庵》诗赞此好茶。

明代的文人们，几乎都视碧螺春如挚友。"吴门画派四家"的沈周、文徵明、唐寅、仇英，他们以茶入画入诗，煮茶论茗无一不精。尤其唐伯虎的画非同一般，其茶画是明代茶画一绝。

明代的茶艺思想有两个突出特点，一是哲学思想加深，主张契合自然，茶与山水、天地、宇宙交融；二是民间俗饮不断发展，茶人友爱、和谐的思想不断深入影响各阶层的人民。因此，在明代的茶文化中，也突出地反映了这些特点。茶画，作为茶文化的重要组成部分，茶艺思想更为突出。

唐伯虎一生爱茶，与茶结下了不解之缘。他爱茶、喝茶、写茶、画茶，留下了《琴士图》《品茶图》《事茗图》等茶画佳作。

"吴中四杰"之一的高启，也是爱茶如命，其案头常置碧螺春茶，使其诗文爽朗清逸，留下《采茶词》《陆羽石井》《石井泉》《烹茶》等茶诗数十首。

诗句中这样形容碧螺春，"洞庭无处不飞翠，碧螺春香万里醉。"后世根据碧螺春的特点，发展出一套茶艺，共12道程序。

一为焚香通灵。我国茶人认为"茶须静品，香能通灵"。在品茶之前，首先点燃一支香，让心平静下来，以便以空明虚静之心，去体悟碧螺春中所蕴含的大自然的信息。

二为仙子沐浴。晶莹剔透的玻璃杯好比是冰清玉洁的仙子，"仙子沐浴"也就是再清洗一次茶杯，以示对饮茶人的崇敬之心。

三为玉壶含烟。在烫洗了茶杯之后，不用盖上壶盖，而是敞着壶，让壶中的开水随着水汽的蒸发而自然降温。壶口蒸汽氤氲。

四为碧螺亮相。就是请客人感受碧螺春干茶的形美、色艳、香浓、味醇"四绝"，赏茶是欣赏它

的第一绝"形美"。生产一斤特级碧螺春约需采摘7万个嫩芽，它条索纤细、满身披毫、银白隐翠，就像民间故事中娇巧可爱且羞答答的田螺姑娘。

五为雨涨秋池。向玻璃杯中注水，水只宜注到七分满，留下三分装情。正如唐代李商隐的名句"巴山夜雨涨秋池"的意境。

六为飞雪沉江。即用茶刀将茶荷里的碧螺春依次拨到已冲了水的玻璃杯中去。满身披毫、银白隐翠的碧螺春如雪花纷纷扬扬飘落到杯中，吸收水分后即向下沉，瞬时间白云翻滚，雪花翻飞，煞是好看。

七为春染碧水。碧螺春沉入水中后，杯中的热水溶解了茶，逐渐变为绿色，整个茶杯好像盛满了春天的气息。

八为绿云飘香。这道程序是闻香，碧绿的茶芽，碧绿的茶水，在杯中如绿云翻滚，氤氲的蒸汽使得茶香四溢，清香袭人。

九为初尝玉液。品饮碧螺春应趁热连续细品。头一口如尝玄玉之膏、云华之液，感到色淡、香幽、汤味鲜雅。

十为再啜琼浆。这是品第二口茶。二啜感到茶汤更绿、茶香更浓、滋味更醇，并开始感到了舌本回甘，满口生津。

十一为三品醍醐。在佛教典籍中用醍醐来形容最玄妙的"法味"。品第三口茶时，所品到的是太湖春天的气息，在品洞庭山盎然的生机，在品人生的百味。

十二为神游三山。古人讲茶要静品、慢品、细品，唐代诗人卢仝在品了七道茶之后写下了传诵千古的《茶歌》，在品了三口茶之后，继续慢慢地自斟细品，静心去体会七碗茶之后"清风生两腋，飘然几欲仙。神游三山去，何似在人间"的绝妙感受。

江苏宿豫丁嘴金针菜生产系统

江苏宿豫丁嘴金针菜生产系统位于江苏省宿迁市宿豫区,是以传统金针菜品种选育、种植栽培、农田管理、收获加工为核心的农业生产系统,通过实施"菜—粮—绿肥"的复合种植,合理建设水利和道路设施,达到菜、粮、肥、水、路的有机结合,形成水土保持良好,合理利用空间的菜园种植模式。覆盖宿豫区丁嘴镇辖区内全部14个行政村(居),核心区位于镇西南登山村,这里历史上就是仓基湖一带的金针菜主要产区。据古籍和近现代文章考证,金针菜最早文字可考始于宿迁地方志中。《宿迁县志》万历(1577)土产志蔬菜类中,就有金针菜种植的记载。该系统于2020年被认定为第五批中国重要农业文化遗产。

1. 自然地理概况

宿豫区位于江苏省北部,东接沭阳县,南靠泗阳县、宿城区,西邻徐州睢宁,北隔沂河与徐州市的新沂、邳州两市接壤。地跨北纬33°48′34″~34°09′40″,东经117°56′15″~118°35′40″。总面积1 212平方千米。

宿豫区地处鲁南丘陵与苏北平原过渡带，地势呈西北高向东南缓缓倾斜，地面高程最低处位于关庙镇东南袁王荡，高程为8.8米，其余地区均为平原。

宿豫区属于暖温带季风气候，全境气候温和，四季分明，日照充足，雨量丰沛。年平均气温13.8℃，年平均最高气温14.3℃，最低13.3℃。历年最高气温一般在35～38℃，最低气温在-4～5℃。年平均日照时数2 363.7小时，年平均相对湿度为75%，年平均风速为2.8米/秒，年平均降水量937.6毫米。

宿迁市丁嘴镇为我国黄花菜（即金针菜）四大主要产区之一，属于暖温带季风气候，全境气候温和，四季分明，日照充足，雨量丰沛；该镇曾为仓基湖，属黄泛冲积土，水生物丰茂，有机质丰富，干涸后土层深厚肥沃，以沙壤二合土为主，特别适宜金针菜的生长；因此独特的自然生态环境造就了丁嘴金针菜独特的品质。丁嘴一带生产的金针菜花大、肉厚，品、色、味、形俱佳，曾作贡品沿古运河北上南下，于是丁嘴金针菜全国闻名。清朝黄花菜发展为出口商品，畅销国外，丁嘴金针菜在东南亚各国尤负盛名，被誉为黄花菜中的珍品。金针菜作为丁嘴地区的民生产业，群众对金针菜有着特殊的情结，不仅形成了许多有关金针菜的风情、习俗、食俗和礼俗，也形成了兴盛而独特的金针菜文化。

金针菜又名黄花菜，为多年生宿根草本植物，根茎肉质，中下部常有纺锤状膨大。叶7～10枚，长50～130厘米，宽0.6～2.5厘米。花葶长短不一，一般稍长于叶，基部三棱形，苞片披针形，花梗较短，通常不到1厘米，花多朵，最多可达100朵以上，花被淡黄色，有时花蕾顶端带黑紫色，花被管长3～5厘米，蒴果钝三棱状椭圆形，种子20多个，黑色、有棱，从开花到种子成熟需40～60天，花果期5—9月。

据考证，黄花菜作为宿迁地方蔬菜特产，最早出现在明朝万历年间所编的《宿迁县志》上，其产量在不同历史时期有较大变动。据相关史料，1931年前后，宿迁黄花菜种植面积为5.3万亩，总产量为262.5万千克。抗日战争和解放战争时期，黄花菜产量下降明显，至1949年时只剩1.4万亩。中华人民共和国成立后有所恢复，1955年达2.1万亩，但1963年又降到0.34万亩，1964—1973年，回升到1.2万亩。改革开放后，种植面积明显增加，1983年达2.3万亩。

宿迁丁嘴乡的黄花菜最为名贵，称为"丁庄大菜"，为江苏土特产中的名牌产品。"丁庄大菜"在国内所获殊荣数不胜数。1910年展于南洋劝业会；1938年展于巴拿马国际博览会并获金奖；1984年在商业部（今商务部）于长沙召开的全国优质黄花菜制标会议上，"丁庄大菜"中的大乌嘴品种作为标准

菜向全国推荐；1985年在江苏省首届黄花菜评议会上荣居榜首，被评为江苏省优质产品；1988年在上海举办的"长城杯"食品大赛中喜获"金龙奖"。1982年由上海科学技术出版社出版的《果品南北货实用手册》中写道："黄花菜产量以湖南最高，质量以江苏最好，尤以江苏宿迁产品条子粗壮而长，色泽黄亮，肉质紧实柔软，品质特佳。"

2. 历史起源

《淮南子·修务训》称："尝百草之滋味，水泉之甘苦，令民知所辟就。"在上古时代，中华先民们在寻找、种植粮食果树蔬菜的同时，发现了可以治病救人的草药，因而中国人有"药食同源"之说。金针菜在作为药用植物被广泛栽培的同时，人们也逐渐发现它色味鲜美，具有食用价值，开始作为一种常见蔬菜进行食用。

金针菜作为食用蔬菜的历史开始于元末明初，金针菜由于适应性强，几乎国内的任何土壤皆可栽培，无论气候温暖的南方地区，还是干燥寒冷的东北地带，也包括旱地或贫瘠的沙土地，因此很容易成为农家园地里被广泛栽培的一种蔬菜。嘉靖《沛县志》记载金针菜"可蒸作菇，春食苗，夏食花，冬食根"，可见到明中叶时期，平常人家对金针菜的食用部位与方式已经十分了解。袁枚曾在《随园食单》中记述了"鳝丝羹"的做法，真金菜（金针菜）是其中不可缺少的一味食材。其后的《泰安州志》称金针菜"珍美称于天下"，对金针菜的食用口感进行了极大的肯定。"人家园圃中多种"金针菜，不仅仅是因为味道鲜美，同时还具有救荒价值。成书于永乐年间的《救荒本草》记载"采（金针菜）嫩苗叶煠熟，水浸淘净，油盐调食"，可以救饥。在天灾人祸频发的古代社会，可以救饥的蔬菜作物对普通农家来说具有重要意义，而关于金针菜的救饥作用多散见于地方志类书，嘉靖《常德县志》明确记载，金针菜"蔓生田中，土人采以救荒"。我国虽然是农业大国，但早期栽培的蔬菜种类较少，夏季蔬菜相对缺乏。据《齐民要术》记载，我国魏晋时期栽培蔬菜有35种，其中能在夏季栽培供应的蔬菜只有6种，所以每到夏季，农家常出现"园枯"的情形。元明时期，金针菜开始作为常见蔬菜食用后，夏季蔬菜种类增加，有力地缓解了"夏畦少菜供"的情形。新鲜的金针菜不仅可以当季食用，还可以晾晒成干。《镇东县志》记载，金针菜"晒干可食"，过季保存，在青黄不接的冬春之时，可以缓解农家的燃眉之急。不仅如此，李时珍《本草纲目》称："燕齐人采其花跗未开者，干而货之"，金针菜在供自家食用的同时，也可作为商品，售卖他人，以贴补家用，对普通农民来说，是一举两得的事情。

3. 丁嘴金针菜栽培技术与管理

丁嘴金针菜以"条长粗壮、色泽黄亮、花大肉厚、营养丰富"的特点，享誉海内外。独特的栽培方式是保证丁嘴金针菜产品品质的重要因素。宿豫人民在种植金针菜的过程中，逐渐探索出了一套完整的丁嘴金针菜的种植体系。充分利用当地适合金针菜生长的土壤成分优势,通过水稻绿肥套作、轮作,有效地改善了土壤中有机质、全氮、磷、钾的含量;发挥金针菜自身耐旱性的品种优势,有计划地进行品种更新换代;通过浇灌开沟作畦,宽行距密穴植,加强秋季管理,改进丁嘴金针菜的栽培技术;同时,利用独特而有效的古法在田间控制病虫害。完整的丁嘴金针菜种植体系,对生物多样性保持、水源涵养和营养物质循环等起着至关重要的作用。

自古以来,宿豫地区拥有丰富的水资源,土壤条件优越,金针菜栽培历史悠久。明朝万历年间,《宿迁县志》土产志蔬菜类中已有它的种植记载,还作为贡品沿古运河北上南下。代代沿种至今,当地农民始终采用"八米一席,一米一行""株距八寸"等传统的种植技艺,传承、延续这一农耕文化。

丁嘴金针菜有其特定的古法栽培方式,保证了丁嘴金针菜产品的独特品质,使得技艺传承至今。春季栽植需保墒防旱,秋季栽植需用粪箕施农家肥、饼肥等有机肥并培土围兜,进入冬季撒作物秸秆保暖。

(1) 选苗

丁嘴金针菜选用的主要品种为丁嘴本地大乌嘴。在长势健壮的田块建立种株基地,结合更新复壮,选择种株力求生长健壮、叶色正常、长势好、无病虫害、无黑蒂、无黑根。在良种田金针菜抽薹开花期及时除去杂株、病弱株的田块作为种苗基地,采用分蘖繁殖。

(2) 定植

地块准备:整地采取龚式畦面,中间高两边洼,土壤疏松、耕作层深,开好三套沟,外围截水沟宽约1米、深80厘米,地头排水沟宽50厘米、深40厘米,田间沟宽40厘米、深30厘米,确保雨住田干、不受渍。

施足基肥:基肥以有机肥为主,可采用沟施或穴施,每亩施优质农家肥3 000~4 000千克,过磷酸钙50千克,或每亩施生物有机肥200~250千克,有机无机肥80千克。

栽植密度:分为春季栽培和秋季栽培,以秋季栽培为主,一般在8月下旬至9月初进行移栽,采取大小行栽植,大行70厘米,小行50厘米,株距20~23厘米,每亩用种苗4 800~5 500株,种苗短缩茎顶部入土2~3厘米,栽后浇一次透水,保证成活。

(3) 整地作畦

畦面宽度1.5丈(1丈=3米,全书同),龚式畦面,中间高两边洼;土壤疏松、耕作层深,开好三套沟,外围截水沟宽3尺(1尺≈0.33米,全书同),深2.5尺,地头排水沟宽1.5尺,深1.2尺。田间沟宽1.2尺,深1尺,确保雨住田干、不受渍。

(4) 合理密植

丁嘴金针菜分为春季栽培和秋季栽培,以秋季栽培为主,一般在8月中下旬至10月上中旬进行移栽。为便于采摘和管理,采用宽行窄株栽植。

（5）田间管理

中耕培土：每年中耕除草2~3次，第一次在幼苗出土时进行；第二次在抽薹期进行，结合培土；第三次结合秋施基肥。

肥水管理：主要分3次施肥，第一次抽薹肥：应在花薹开始分化（4月10日前后）时，每亩追施复合肥60~80千克或尿素15千克、硫酸钾5千克、过磷酸钙10千克，距金针菜根部25厘米处穴施；第二次促蕾肥：花蕾开始采摘7~10天后进行（6月下旬到7月上旬），采用根外施肥的方法，每亩用0.5%尿素+0.2%磷酸二氢钾混合液70~80千克于晴天下午收花后，喷在叶片及薹蕾上，共进行2~3次；第三次秋施基肥：金针菜采收结束后（8月中旬），拔去枯茎，割除病叶老叶，以农家肥为主。丁嘴金针菜在抽薹期和蕾期对水分敏感，为防止缺水造成严重落蕾，一般根据土壤墒情及时浇水防旱，保持土壤持水量70%~75%，避免因干旱而减产。

（6）病虫害防治

主要病虫害：叶斑病、蚜虫和红蜘蛛等。

防治原则：坚持"预防为主，综合防治"的植保方针，协调农业防治、生物防治和化学防治等治理措施，严格按照农药使用的安全间隔期采收，获取最佳的社会效益和经济效益。严禁用使用剧毒、高毒、高残留农药，不得在蔬菜、果树、茶叶、中草药材上使用甲胺磷、甲基对硫磷、对硫磷、久效磷、磷胺、甲拌磷、甲基异柳磷等39种高毒高残留农药。

（7）采收

以花蕾饱满，黄绿色，花蕾上纵沟明显，含苞未放，蜜汁显著减少，尖嘴处似开非开时为适采花蕾。收获季节一般为6月中旬至7月下旬，采收时间为每天15∶00—16∶00；阴雨天，花蕾吸水量多，膨大速度快，开花时间提早，应适当提前采收。采取人工逐行采收，采收时用大拇指、食指、中指捏住花蕾的花梗基部，轻轻往下折断，不可强拉硬扯连柄折下和掰断花枝，撞落花蕾。采收后放阴凉背光处，保持花蕾不裂嘴、不松苞。

（8）加工

采摘的金针菜除去杂质异物，将色泽浅黄或金黄、质地新鲜、身条均匀粗壮的金针菜与劣质的（大小不均、花蕾已开）分开，随后进行蒸馏、晾晒。这里迄今仍使用老器具和世代相传的加工技艺。把采收后的金针菜装进栵条筐，放进湿秸秆笼，盖上手工蒸笼，置于土灶慢慢烧，这样方便控制温度，保质保色保口感。早在明代，宿豫人民就开始了金针菜的采收及加工生产，流传至今，其加工工艺日益成熟。在传承传统加工技艺的基础上，根据金针菜发展的需求，宿豫人民形成了更加完善多样的加工技术体系，所产出的各类金针菜制品深受人们喜爱。适时的采收是保证金针菜产品成色、花蕾大小的前提条件，过早则弱，过晚则过，只有经验丰富的菜农才能准确地掌握金针菜采摘的最佳时机。采收要轻,自上而下,循序渐进;而后是用菜筐蒸制,将严格挑选后的花蕾放入准备好的菜筐内,并用蒸笼头密封,根据温度调整蒸制、密封程度以及焖制时间,观察颜色变化,使其达到最佳状态时,方可取出。根据天气情况,选择晴天放在芦苇编织的帘子上,在阳光下暴晒,因此,宿豫丁嘴金菜又被形象地称为"太阳菜"。因其全程无添加的传统加工方式,宿豫金针菜的干菜颜色通体金黄饱满,口感绝佳,久煮不腐,并且口感与外观也好于烘干设备加工的金针菜。

4. 宿豫丁嘴金针菜生产系统的价值

金针菜在中国栽培历史悠久,经过不断地培育和驯化,逐渐从一种观赏性花卉演变成药食兼用的家常蔬菜。不仅如此,宿豫丁嘴地区的劳动人民更是发挥自己智慧与勤劳,形成了一套种养、加工相结合的金针菜生产系统,创造了"丁庄大菜"这一优质农产品,并申请获批了地理标志产品。丁嘴金针菜生产系统不但是农民基于农业生产的实际情况而形成的生产系统,更是传统农业智慧保留至今且持续发挥作用的活化石,这种农耕智慧集中体现在它所具有的经济价值、文化价值和生态价值上。

(1)经济价值

丁嘴金针菜是宿豫地区的地理标志产品,自古以来就作为当地土产被销往各地,创造了不小的经济价值。

明清时期,江南市镇商品经济发达,加之该地区水网密布,交通便利,形成了一个物产销售网络。宿豫地区"北望齐鲁、南接江淮,居两水中道、扼二京咽喉",京杭大运河穿境而过,成为江南水陆交通的重要组成部分,因而当地农业物产可以经由发达的水路运输网运往各大城市。《泗阳县志》就曾记载金针菜"以丁家嘴为最佳"。优质的丁嘴金针菜经由"贾人贩之他郡而不可胜计",给宿豫金针菜种植户带来了额外的经济收益。

当前,国家正大力发展以"一镇一品"为重点的农业经济规划,打造农产品地理标志品牌,以特色农产品来带动当地农村经济发展,拉动农民就业。丁嘴金针菜承载着长期历史积淀形成的特色产品声誉,具有极高的品牌价值和竞争力,是代表当地地理标志的合适农产品。丁嘴金针菜生产系统包括种植、加工等多个环节,属于劳动密集型产业,对劳动力需求较大,有利于提供更多的就业岗位,缓解农民失业问题。不仅如此,伴随农村电商产业的普及,农产品的销售渠道不断拓宽,宿豫丁嘴金针菜作为当地特色农产品,其线上线下双线并行的销售方式获得了极大的发展,有利于发挥丁嘴金针菜的品牌价值,创造更大的经济价值,成为当地农业经济发展的增长点。

(2)生态价值

金针菜寿命长,根系发达,可拦淤固土,防止水土流失。宿豫"初濒于河,继开运以环之孤城,杌陧介于二水间,鲢鲮跳张,殆岁无干土矣"。频繁的水患灾害不仅给当地人民造成了严重的经济损失,河水的冲刷也加剧了当地的水土流失,使农业生产遭到了严重破坏。金针菜耐旱、耐瘠薄,对土壤适应性较强,因而适宜在南方酸性红土中生长。宿豫劳动人民在大面积种植金针菜以创造经济价值的同时,也不忘在田埂、沟坡头、水渠等水土易流失的区域内,栽种金针菜,形成固土带,用以缓解因洪水泛滥造成的水土流失现象。

金针菜的根茬不仅能挡风固沙,而且更新后的残根可以改善土壤的理化性状。劳动人民很早就发现了金针菜在肥田方面的重要价值,《丹徒县志》记载,金针菜"沙洲人莳以壅田,谓之秧草"。农民专门种金针菜用以肥田,因而有民谚称:"黄花茬三年不上肥,产粮也会堆成堆。"宿豫劳动人民在种植金针菜的过程中,不仅创造了极大的经济价值,也对当地的水土环境保护、土壤可持续发展等作出了贡献,发挥了金针菜生产系统的生态价值。

(3)文化价值

金针菜在中国种植已有上千年的历史,在漫长的历史时期,金针菜的种植遍布南北各地,除了作为观赏性植物供人们欣赏,留下了不少动人的诗篇,还可以作为药物治病救人,元明以后,更是作为一种常见蔬菜,供人们食用。金针菜在文学艺术、医疗卫生乃至饮食习惯等多方面都对人们的日常生活产生影响,在这样的文化传统下,宿豫地区不断积淀,形成了种植、加工系统化的独特金针菜生产系统。

5. 文化与民俗

宿豫地区悠久的金针菜种植历史以及金针菜在人们生产、生活中的高度渗透,铸就了本地相伴相生、气氛浓郁、人文底蕴深厚的丁嘴金针菜民俗文化。金针菜是丁嘴地区的民生产业，群众对金针菜有着特殊的情结，不仅形成了许多有关金针菜的风情、习俗、食俗和礼俗，同时形成了兴盛而独特的金针菜文化。如金针菜主题的民间表演艺术；又因其形如金条而象征富贵，结婚聘礼中放入金针菜；妇女在"坐月子"时有吃金针菜催乳的习惯，中秋节必吃金针菜烧鸡、金针菜烧肉等菜肴……一系列与金针菜有关的文化都促进了金针菜的传播与品质的提高。

《野客丛书·萱堂桑梓》里有"盖北堂幽阴之地，可以种萱"。北堂代表母亲，古时大凡孝道的人，为求取功名，离家前都爱在北堂前种植萱草，目的是告诉母亲，儿子要出去做大事了，老人家不要牵挂，以此抚慰母亲思子之情。从这个意义上说，金针菜文化的内涵，就是感恩文化。一个人既要有远大理想，还要有孝心；一个人不论走得多远，回家的路都时刻记在心里。

历代文人雅士为金针菜吟诗作赋者更是不胜枚举。晋代夏侯湛称赞萱草为"大邦之奇草……远而望之，焕若丹霞照青天。近而观之，明若芙蓉鉴绿泉"。唐代孟郊《游子诗》写道："萱草生堂阶，游子行天涯。慈母倚堂门，不见萱草花。"苏东坡诗云："萱草虽微花，孤秀能自拔。亭亭乱叶中，一一劳心插。"

江苏启东沙地圩田农业系统

江苏启东沙地圩田农业系统，是随着启东成陆、垦牧拓荒、改造盐碱地并延续至今形成的，包括防止海潮侵袭工程、土壤改良技术、作物种植、畜牧养殖、水产养殖、沙地民风民俗等在内的农业文化遗产系统。劳动人民在沙地上圩田，改造盐碱地，改变土壤性质，通过夹种、套种提高土地的利用率，促进生物多样性及可持续发展，发挥了生态功能，呈现出浓郁的人文、自然景观特征。该系统位于江苏省启东市海复镇撖场村，是全国范围内罕见的、大规模的、人为干预的滨海临江型农业文化遗产，至今基本保存完好。该系统于2021年被认定为第六批中国重要农业文化遗产。

1. 自然地理概况

启东市位于东经121°25′40″~121°54′30″，北纬31°41′06″~32°16′19″。启东市地处南通市域最东端，南依长江，北枕黄海，黄海与东海在此分界，形成了三水交汇于启东的独特地理格局。三面环水，形似半岛，集黄金水道、黄金海岸、黄金大通道于一身，是出江入海的重要门户。

启东市属北亚热带湿润气候区，海洋性季风气候特征明显，四季分明，光照充足，气温温和，雨水充沛，无霜期长，春季天气多变，秋季天高气爽，年平均气温15℃，年平均降水量1 037.1毫米，平均相对湿度81%，年平均日照时数2 073小时，平均无霜期222天。

启东属长江口沉积平原，除通吕水脊区成陆千年以上外，大部分仅有两三百年历史。境内地势平坦，属沿海低平地区，地面高程在2.0～3.14米。地形略有起伏，西北略高，东南略低，倒岸河为南北地貌的自然分野，河岸以南高程（吴淞标高）3.6～4.6米，河岸以北高程在5.1～6.1米，南北倾斜度约1/30 000米，东西倾斜度约1/43 500米，常年地下水位1.2～1.6米。

2. 历史起源

启东三面环水，形似半岛，长江由此入海，黄海与东海在此分界，形成了三水交汇于启东的独特地理格局。然而，这一地理格局的形成迄今仅百余年。启东全境系长江口不同时期河相、海相沉积平原。唐高祖武德年间（618—626），长江口外形成江中岛屿，犯人被流放于此，从事盐业生产。与胡逗洲（今南通市区及通州平潮、西亭一带）一起同属广陵郡，隶于淮南道。五代后梁开平元年（907），长江口东洲、布洲合并为海门岛。后周显德元年（954），设政、场合一的地方管理机构吕四场，这是启东境内首次出现行政管理机构。后周显德五年（958），海门建县于东布洲，隶于通州。海门县域（今海门市）包括今启东中部、北部地区。至北宋至和年间（11世纪中叶），胡逗洲向东扩展，与海门岛相接，形成东西长约75千米、南北宽约20千米的"通吕水脊"（西至南通唐闸附近，东至吕四）。元末至明朝中叶（14—15世纪），长江主泓北移，海门沿江地带大面积坍塌，先后四迁县治，仅留吕四一地。由于民户所剩无几，清康熙十一年（1672）撤销海门县建置，改为海门乡，并入通州。清康熙末年，长江口北岸开始新的淤积。在此后的200多年中，许多小的沙洲逐渐并连形成启海陆地。清乾隆三十三年（1768），划通州19个沙、崇明11个沙和新涨的10个沙，设置海门直隶厅，隶于江苏布政使司。今启东中部地区，时为海门直隶厅的东境。清雍正至光绪初年（1723—1875），长江口北岸的惠安沙、杨家沙、永丰沙等13个沙洲陆续形成并连成一片，因临近崇明，大多为崇明人开垦，称崇明外沙（崇明岛称为内沙）。新涨的沙洲很快吸引了附近的农民前来垦荒创业，到了清末，13块沙洲连成一片，集聚于此垦荒经商者已达30万人。清光绪二十三年（1897），崇明县设崇海司巡检署于九龙镇（后更名为久隆镇）。崇海两县间开挖崇海界河，西起庙桥，经南阳村东流入海，南为崇明外沙，北属海门。与此同时，通海界河开挖完成，南为海门，北为通东（通州东部）。启东分属三县的格局至此形成。启东的农业活动起源较晚，是从成陆开始，至今仅100余年，随着农业的开发，启东成为人们安居乐业的棉粮故里。从无到有，沧海变成桑田的神话每天都在这里真实地发生着，启东人民崇文重教、勤劳朴实，垦荒精神百年相传。

启东沙地圩田农业系统是爱国实业家张謇在启东地区，从农田水利、种植布局、农耕习俗到民居格局和民俗文化诸方面统一规划、统一设计、统一建造的。极大地丰富和完善了沙地圩田农业系统，并将其推向了极致。

早在光绪二十一年（1895），清末状元张謇奉两江总督之命巡海布防，看到通海交界处大片海滩荒地，凫雁成群，獐兔纵横，萌生了"务使旷土生财，齐民扩业"的强烈愿望。

围垦造田，创办中国历史上第一个以招股集资方式成立的农业公司——通海垦牧公司，是著名实业家张謇实业救国的一大壮举。通海荒滩垦牧的奏章获朝廷准许后，通海垦牧公司即于1901年开始规划定界，围圩筑堤，蓄淡泻卤，种草疏土。据粗略统计，通海垦牧公司"十年间共修大堤12 739丈、石堤260丈、里堤21 384丈、格堤8 624丈、干渠21 752丈、支渠8 002丈、外河4 572丈"。

3. 启东沙地圩田农业系统特点

启东沙地圩田农业系统最主要的特点是外御海潮、棋盘布局、内改盐碱。外御海潮，守陆保田，守护民众安身立命的家园；棋盘布局是指在新涨的沙地上将地块和水系以棋盘式布局，形成规则的"井"字形，进行圩田耕作活动；内改盐碱，把一方盐碱沙洲的荒凉之地改造为物产富足、文化繁荣的棉粮故里。从张謇垦牧规划开始，启东则有了一幅"新乡村建设"的蓝图。

（1）水利体系网格化

张謇按地形地貌将通海垦牧公司划分为8个堤，再采用科学测绘、规划水利，以开河、沟把土地分为圩（纵向）、埭（横向）、塥（纵向）3级。塥与塥之间有塥沟（即民沟），排与排之间有排沟（即横河、中沟），圩与圩之间有中河，堤与堤之间有入海大河。沟河深度宽度分级统一标准，大中小沟河相通，堤、河、路、桥配套，沟河、道路"井"字式、棋盘式笔直划格规范，纵横交错，水系完善，排灌畅通，水运便捷，淋盐洗碱，耕作方便。如此大面积的划格开沟河，东西南北定向，耕地方整塥田化，全国罕见，其基本格局仍延续至今。目前启东境域内河道纵横，密如蛛网，有一、二级河19条，三级河49条，一、二、三级河总长度951千米，四级河2 391条，总长度2 722千米，民沟52 231

条,总长度18 342千米,民沟连横河,横河通大河,构成了启东条田式河网化水系。

(2)耕地标准化

垦区的耕地以沟、渠、路为骨架,划分若干圩,每圩内划分5~7排,一排为一埭,每排有15~20塝,将耕地划分为塝田,每塝田南北长,东西窄,呈长方形,子午向居多,每塝面积为20~25亩,同一排内每塝长宽、面积相等,便于近距离生产管理及统计。在每塝田内以邻沟(排水沟)或田埂划格成方。大堤、大河上种树木、江芦等形成防风带,大路旁边植树遮阳,横河、塝、民沟旁种植芦苇,形成农田林网化,改善农田小气候,有利于水土保持和改善生态环境,这在中国大地上实属少见。

(3)人居一字化

各垦区每塝田南北中间处有一条东西的中心横路,路北侧是坐北向南的宅舍,宅与宅东西成一条线,每户耕地在宅前宅后就近、方便。一出门同走一条横路,中心横路上人来车往交通便捷,串门不须绕道。各宅均开宅沟或横沟,取土填高宅基,宅沟内养鱼、种菱藕、茭白,宅沟边种竹、植果、栽树,宅旁建畜棚,畜禽成群,宅周边种蔬菜。人居集中、成线、规范,"一字成排式",环境优美。为方便物资运输、商业流通、乡村管理,每隔一两千米设一小镇,自发聚集而成。四五千米设一个中镇,由公司统一规划,统一布局,统一设计,统一建房,一次成街,如海复镇一次建市房数百间,租售经商,酷似今天的房地产开发招商兴市。这种成排一字式农居,在当时全国唯一,如此整齐的形式至今也属稀少。

(4)种养精细化

以种植业为例,劳动人民在种植实践中摸索出一套夹种、套种的科学耕作制度,改革了过去传统单一种植习惯,有效地提高了产量。夹种的具体方法是:一种是分行种植式;

另一种是不分行的夹种，又称混种。棉、麦、粱、豆、蔬、果都可以互相夹种，有效地提高了单位面积的产量。所谓套种，就是利用作物不同的成熟时间，当一茬作物还未收获时，另一茬作物已经种上，一年可以在一块地里收获2茬甚至3~4茬，大大提高了土地的利用率。启东的发展以及繁荣是靠几代劳动人民的双手与智慧建造起来的，是当地农民适应自然地理条件而逐步探索出来的，此系统中充分体现了劳动人民的智慧，蕴含着百年来的农耕智慧，时至今日仍然值得我们借鉴。

4. 技术体系特征

（1）传统种植技术

棉花一直是沙地的主要经济作物，种棉花、拾棉花、卖棉花是种植的三部曲，沙地植棉的历史较长。当启东还是"生田"的时候，启东人就开始在这贫瘠的盐碱地上种植棉花了。20世纪30—40年代，启东籽棉产量只有数千吨，种植的都是本地小花，亦称沙花。根据《崇明县志》记载，该县棉花有中棉、美棉两种。中棉有白花、紫花、青茎鸡脚3个品种。美棉有22个品种，解放前引进的有德字棉、斯字棉、金字棉、木浦棉等，在部分地区试种；新中国成立后引进的主要有岱字棉15号、宝棉114、沪棉204、徐州142等。植棉是个细致的农事，也是一个十分辛苦的劳作过程。每到麦苗青青时节，田野里到处搭棉花矮棚温床，一垄接一垄，麦子收割后，棉农手握铁搭柄，在棉花垅间刨地松土，壅成"船底式"的棉垄。再用移苗器等间距打孔，然后将温床中营养钵里的棉花秧小心翼翼地一一搬出来。这类种植方式称为种移栽棉花。到了花蕾初绽的棉花生长关键期，棉农们几乎天天在棉花田里忙碌，除草、松土、施肥、治虫，忙个不停。至于拾棉花，有句俗语，称"寸棉（指棉苗）勿怕尺水，尺棉就怕寸水"，说的是成熟的棉花经不起雨淋，必须适时采摘，以保证棉纤维的质量和品级。棉花收获之后，用来纺织或者弹被絮，需要经过轧花、弹花、拉纱、走盖等数道工序。弹花的工具主要由弹弓、弹絮锤、被絮盘（大小各一个）、绕线转子等主件和尺子、送线棒、连杆围裙等附件组成。其中，弹弓是最主要的工具，类似于弓箭，由弓梗、护木板、弓弦和吊弦竹几个部件组成。蚕豆的种植史和成陆开垦史差不多，在贫瘠的盐碱地上，玉米和黄豆很难生长，只有蚕豆适合生存。秋天在棉花收获之后种植，种植方式是用铁锹在棉花根间使劲掘下，来回轻轻扳动锹柄，让泥土开裂一道不深不浅的缝隙，再丢入蚕豆种。

（2）传统渔业知识与技术

启东沿江临海，向海而生，渔业是最为传统的职业。故而在捕鱼过程中，形成了众多渔业知识与技术。例如夸子卡鱼、铁叉钉鱼、掼钓、桑葚钓鱼、获罾、丝网捕鱼、鱼鹰捕鱼、剠笼、钓黄鳝、搪网捕鱼、数鱼秧、蟹簖、听蟹、跑蟹、罾蟹、调虾网、敲甲鱼、下夜钓、捉蛸蜞、钓蟛蜞、耙河蚌、耥田螺、分鱼、抬"汪括"。

（3）传统盐业知识与技术

吕四自古产盐，由于盐质晶莹鲜洁，被尊为"真梁""色味甲天下"，曾供皇室食用，故称贡盐，"总之，淮南煎盐，尤以吕四所产为好，无论聚煎、板晒，品质最上，推为淮南之冠"。旧时煮盐采取锅煎法，"晒灰淋卤、锅煎成盐。"煮盐过程中要燃烧大量薪草、形成草木灰，通过草木灰淋卤效果最好，于是盐民们先到海滩上割草。将草烧成草灰后，根据潮汐变化，把刚出膛的热灰挑到晒场，用水冲拌。再加少许黄泥土拌和，均匀推开，晒五六个小时。然后把草灰挑至灰坑，用脚踏即可制卤。这个步骤叫"晒灰"。把海水引入灰坑，使灰水融溢，缓缓潜入坑底，再由坑底漕沟流入卤池，即成"咸卤"。然后，将咸卤水煎煮。煎煮采用一灶三撇或四撇的盐灶暖盐法。前撇成盐，后撇自热，依次更替，接煎成盐。为了减轻将海水引入盐池的劳动量，盐民们选择有利地形制造风车，用海风吹转风叶，通过传动装置带动水车，将海水戽到高处的盐池里。由于海风无规律，有利地形不多，风车引水随着晒盐业兴起而消失。海盐生产的技术进步是从制卤煮盐、制卤晒盐过渡到海水直接晒盐（摊晒盐）。晒盐不需要大量草木灰和大量人工，因此降低了制盐成本。后来发展成大片盐田（盐场）。

（4）传统农业加工业技术与知识体系

临海初垦土地宜种大麦、高粱，张謇就以其聪慧就地取材，在海复镇设立了颐生酿造厂。亲自派员前往山西、山东等地酒厂取经，聘请山西籍瞿、张二位师傅做曲、吊酒、拼酒并传艺、把关。师傅来酒厂传授技术和生产把关后，使质量不断提高。经过数年的实践和革新，总结出了从精选原料、蒸糟拌曲、分层蒸馏、量质摘酒、熟化储存等一整套独特而完整的民间酿酒工艺。其独特的酿造工艺独树一帜，自成一家，传承至今。特定的地域环境和独特的生产工艺，是造就颐生酒特殊风味的关键。颐生酒采取分渣摘酒，按醇酒、窖底香、芳香3种典型体分别贮存，提升产品品质。颐生酒吸取了苏酒、川酒工艺之精华，结合自身的酿酒心得，以高粱、大米、小麦、糯米、玉米为原料，辅以中高温大曲，兼用多种酿酒新工艺，经过长期发酵，自然老熟3年，再运用颐生中药配方，萃取藏红花、茵陈还有薄荷、佛手诸多中草药之精华，悉心酿造，精心调配而成，在保持白酒风格的前提下体现了健康饮酒和养生的理念。

5. 文化与民俗

在这块土地成陆、演进过程中，依江靠海的历代人民在不断繁衍生息中，逐渐形成了绚丽多彩的地域文化。在漫长的历史长河里，长江入海口的江海交汇之地孕育形成斑斓多元的江海文化，启东成为江苏文化的重要亚区。江海文化既有别于江南、苏北的地域文化，又融通于周边地区的区域文化。在五彩斑斓的江苏文化乃至中华文化版图上，应有其一席之地，渔文化、盐文化、水文化、民俗文化等共同构成了璀璨的江海文化。

（1）渔文化

启东北部的吕四地区大多靠海捕鱼、晒盐谋生，风俗古朴而格外敬神。长期以来，吕四渔区渔民为祈求神仙保佑，形成一套独特的出海捕鱼习俗和独有的渔民文化。

祭祀。吕四渔民有两种祭祀方式，一种是公祭，一种是家祭。公祭，祭天地，祭海龙王，祭共同的菩萨；家祭，祭祖宗骨肉。渔民们家祭统一在元宵、清明、中秋、冬至这

4个节气,把需要祭祀的名单依次写在红纸上,在祭祀时连同纸钱一起焚化。烧化纸钱虽属迷信,但利用祭祀形式熟悉祖宗情况,重温家族历史,即便在今天,仍然有着积极的意义。

捕鱼。开船出海,渔民要烧出海利市敬神,除了出海烧利市外,渔家一年中还要烧很多利市。过年要烧开眼利市、娘娘利市、顺福利市、顺风利市等,以此求吉利,祈望来年开张大吉,出海捕鱼夺高产。男人出海捕鱼,要吃顺风圆子,以示顺利。另外,渔家规定,爷仨儿不能在同一条船上。

"风文化",它生动地总结了渔民看风捕鱼的经验。渔谚"今年过年西北风,家家缸空氅也空"意指过年刮西北风预兆海荒,捉不到鱼,一年生计艰难。"今年过年东北风,陈债旧账还得通"是说过年东北风预兆海上旺发鱼群,丰收有望。每年农历大年三十后半夜,船老大便起身焚香点烛敬天地,然后走出屋站在高地上观察气候、风向。观风是吕四渔民生产中的一项重要活动。多年的经验证明,这一夜后半夜起什么风,什么气候,与当年生产密切相关。大年三十后半夜的风是如此重要,这促使形成了渔民的观风习俗。过去渔民出海生产驶的都是篷船,风对渔民出海生产安危极为重要。海上起什么风,其风向风力渔民特别关注。除了大年三十夜看风外,每年几个重要农时节气上风的动态也十分重要。早晨出海看日出,日头红,预兆要起风。夜间还观察渔船尾灯。灯光拖到水里,预兆明早南风要大。吕四渔民航海技术很高,顺风、半顺风航船自然容易,碰上顶风,渔民也能利用篷面调牵不断改变方向将船航到目的地。吕四渔民可以劈风斩浪航行,在没有机帆船的时代堪称黄海一绝。

吕四渔号。吕四渔号是我国汉族民歌的一种,属劳动号子,主要源自吕四渔民的生活,是渔民在生产劳动过程中形成的一套十分完整的号子。其种类繁多,如对草、拢绳、接潮、拔篷、起锚、测水、摇橹、盘车、拉网、拔排以及扛鱼、拣鱼、卖鱼、拔海蜇、出舱、挑子、装货、耙文蛤、挖蛤蜊、赶牛车等40多首长短不一的号子,具有高亢嘹亮、深情悠远、节奏明快、音调委婉等不同的风格特征。吕四渔号曲调多种,海上渔歌比较浑厚,陆上渔歌比较优雅,典型的有《八面风》《撑船歌》《网帮号子》《对草》等。吕四渔民号子没有规定的乐谱及刻意的艺术雕琢,表现的是一种即时填词、灵活多变的表演方式,完全是一种在生活、劳作中即景生情、即时抒发的娱乐。

(2) 盐文化

一部吕四地域文化史,就是一部盐文化史。从宋代设吕四港场(盐场)到民国同仁泰盐业公司,制盐成为千年古镇吕四的历史符号,贯穿了整个吕四历史。具体来说,它有如下的文化特征。

综合性文化:盐业是历代管理的焦点,各地官员对于中央政府的奏折和政府批文繁多。由海盐生产积累的巨大财富,曾造就了扬州等地的繁荣,并引起文人墨客对盐业的颂扬。盐民社会也是一个复杂多变的群体，在盐业发展后，出现了贫灶与上层的富灶，盐场也有了书院，盐民中有了知识分子。盐镇均有戏台，演出了不少反映盐民生活的戏剧，这促进了文学艺术的发展。

宗教文化：海边多潮灾，环境险恶，加之盐官的残酷压榨，盐民生活有朝不保夕之感，于是把希望寄托于神灵，而统治者也希望用神灵来安抚盐民。因此沿海各盐场庙宇众多。

集镇文化：盐民定期用牛车把煎成的盐送缴盐包场，盐包场即盐镇所在地，政府也在此设置盐署管理（盐署的场大使是县级官阶，不受地方支配）。盐民售盐后也需购日用品回家，这使盐镇街市兴起并逐渐繁荣。古代运盐用木轮牛车，且每次运量达两三千斤，如此载重，街面磨损大，因此，在街面上普遍铺石条。这使启东地区盐镇普遍有了石板街，鳞次栉比的市坊和坚实的运盐石板街是启东地区特有的地域文化。

盐俗文化：煎盐艰苦、劳动强度大，因此盐民衣着简单，食口粗大。大海的风浪，渺无人烟的环境，使人们粗犷、好斗，渔盐为业，民风强悍。

（3）水文化

水文化就是水与人关系的文化，水文化有着十分悠久的历史，可以说自有人类的存在就有水文化的光辉。一方面，水是人类赖以生存和发展的重要资源，通吕运河古名运盐河，始挖于南宋，明嘉靖十六年（1537），到达吕四场，"串吕四、石港诸场，直通丁堰……"沟通全线。通吕运河的开凿、发展和兴盛的历史，其实就是一部发展史、文明史和交通的创业史，便捷的内河航运，直接推动了沿河经济带的发展。另一方面，水涝害和洪水等自然灾害也对人类产生了负面影响。为此人类修建水利，保护自身的安全并利用水为自己服务。启东西引江水，东拒咸潮，这是千百年来治水的不二法门。沈复在《浮生六记》中记载："茫茫芦荻，绝少人烟。四面掘沟河，筑堤栽柳绕于外。"这段文字是对启东人垦荒历史最早的文字记载。清初，先民们就涉水登沙，以筑堤栽柳的方式，开垦荒滩。20世纪初，张謇在多次考察后得出结论：海滩盐碱地适合种植棉花。他相信植棉可以彻底改造荒滩。于是，他创办了通海垦牧公司，准备在海滩垦荒植棉。然而，由于海堤常被海潮冲毁，垦荒植棉无法顺利进行。为解决这一难题，张謇从遥远的荷兰请来了年轻的特来克。特来克在海堤上修筑直立式钢筋混凝土板桩结构的挡浪墙，全长760米。此后，堤岸抵御海潮冲击的能力大大增强，堤内土地得以被改造为良田，移民得以在此安居，挡浪墙为启东成为"粮棉故里"打下了坚实的基础。

（4）民俗节庆礼仪

我国乡村地区丰富的民俗和节庆资源，是充满乡土特色与民族特色的传统文化，无论岁末年初，还是平日节令，启东农村因这些民俗节庆而生动活泼。岁末年初存在许多习俗，如春节之前进入腊月后，人们便忙着牵粉蒸糕、扫宅、廿三送灶、吃廿四夜饭、吃长生果、掸檐尘、年三十焖草堆；春节烧过年羹饭、吃年夜饭、守岁；大年初一开门放爆竹、拜年、办喜事等。平日节令，如清明、端午、中秋节等也有很多习俗。

启东的节日习俗还有农历二月十二庆贺百花生日。农历三月初三上巳节，妇女踏青，进香。清明前一天为寒食节，禁烟火，食糕团。农历四月初四稻熟日，吃青麦蚕。农历四月初八浴佛节，种棉、捕鳌。农历六月廿四雷祖生日，祀灶、持斋、食面。农历七月十一瓜斋节，吃瓜。农历七月十五中元节祭祀祖先，设盂兰盆会。农历八月十八潮生日，观潮。农历十月初一（原为十五）下元节，祭扫祖墓。冬至日祀祖先。

江苏吴江蚕桑文化系统

蚕为献身，给人衣锦，卵蚕茧蛾，周而复始；人以勤劳，植桑养蚕，丝绸绫缎，流转千秋。江苏吴江蚕桑文化系统是以源远流长的生产历史、独特的蚕桑种养技术、绿色的农业生产方式、巧夺天工的丝织技艺为特征，积淀了厚重的蚕桑丝绸文化底蕴，铸就了独特的地域名片。目前，吴江区还保留着苏南最大规模的蚕桑生产基地，有蚕桑养殖技艺、缫丝技艺、丝绸织造技艺、蚕桑丝绸习俗、小满戏、蚕丝被制作技艺等56项非物质文化遗产代表性项目。该系统2021年被认定为第六批中国重要农业文化遗产。

1. 自然地理概况

吴江区位于江苏省东南部，东接上海市青浦区，南连浙江省嘉兴市和桐乡市，西临太湖，北靠苏州市吴中区，东南与浙江省嘉善县毗邻，东北与昆山市接壤，西南与浙江省湖州市交界。介于北纬30°45′36″~31°13′41″，东经120°21′04″~120°53′59″，总面积1 176平方千米。吴江境内无山，是一片大小湖泊众多、碟形洼地广布的平原。地势低平，自东北向西南缓缓倾斜，南北高差2米左右，田面高程一般在3.2~4米（吴淞高程，下同），最高处5.5米，极低处1米以下。吴江区地处亚热带湿润季风气候区，四季分明，气候温和，日照充足，年平均降水1 151.3毫米，平均气温16.3℃，无霜期221天。

吴江区内河渠纵横交叉，湖荡星罗棋布，河湖交织相通，组成密如蛛网的水道系统，既有利于船运与灌溉，又有利于调节水位。全区50亩以上的湖泊荡漾351个，除太湖外，较大的湖泊有元荡、长漾、北麻漾等。湖荡一般多呈圆形或长圆形，水深2～3米，湖岸平齐，湖底平坦硬实。主要河道有江南运河、太浦河、頔塘、烂溪塘等。

遗产地土壤主要为江、海、湖沼沉积物，肥沃的土地适宜种植水稻和经济作物。遗产地居民根据当地平原水网特点，叠土栽桑，围圩造田，挖河筑堤，形成田地交叉，高低悬殊的"桑基圩田"。同时，因地制宜地把一些低洼的地方挖深，修建池塘饲养淡水鱼；挖出的泥土堆砌在池塘四周，形成塘基防治水患，延续下来形成了"塘基种桑、桑叶喂蚕、蚕沙养鱼、鱼粪肥塘、塘泥壅桑"的桑基鱼塘生态模式。

2. 历史起源

中国是世界丝绸的发源地，早在公元前5世纪丝绸就经过"丝绸之路"远播海外，其承载着中国文明，而中国也赢得了"Seres"（丝国）的美称。作为古代丝绸发源地之一，吴江以"丝绸之乡"闻名于世，由来已久。吴江古为荆蛮之地，6 000多年前已有原始人群生息、劳动和繁衍，境内平畴沃野，河荡港汊，纵横交错，气候温和，适桑宜蚕，先民们栽桑养蚕缫丝织绸，相沿成习。

1955年春，松陵在修筑堤坝时曾出土纺轮一件。1958年和1959年，梅堰又相继出土纺轮、骨针、陶罐多件，其中黑陶罐上刻有丝绫纹及蚕形图案，据有关部门鉴定，属新石器时代晚期的良渚文化，由此推论，当时已有原始的手工编织劳动，再从陶器上的蚕纹可推知，生长在原始桑林中的野蚕，已被先民所喜，蚕蛹可为美食，蚕壳更可剥绵、抽丝，造福于人。因此，蚕被作为神虫膜拜，铭刻它的形象，用以装饰。1958年3月，在浙江吴兴钱山漾遗址的发掘中，发现了4 700年以前的丝带、丝线及绸片，其中绸片是由茧丝无拈并合成丝线，再作经纬交织而成的平纹织物。吴江、吴兴两地相距不远，同处太湖沿岸，从出土文物看来，这个区域的劳动人民早在远古时代就已学会养蚕、缫丝、织绸。

春秋时期，吴江为吴越交界处，蚕织已有初步发展。春秋后期，曾发生吴越争桑的战争，说明当时跨居太湖周围的吴国已相当重视蚕织。秦、汉、三国时期，皆以农桑为本。如汉王室提倡农桑并重，倡导环庐树桑，女修蚕织，务农于农桑；东汉时期，出现黄河中下游和长江中下游两个蚕织中心，并逐渐向四周扩展。

3. 技术体系特征

蚕桑产业是种养结合、兼具经济生态双重功能的绿色产业，契合绿色发展理念。蚕桑产业多元化功能的拓展，如生态桑、果叶兼用桑、饲料桑、茶用桑的发展，完全符合绿色生态的消费理念，丰富了绿色发展的内涵。

鱼池桑园：吴江蚕区"乡间无旷土"，桑园连片，桑园或大或小，屋前宅后，河岸荡滩，无处不在。太湖沿岸七都、庙港、横扇地区的鱼池桑园颇具吴江特色。鱼池桑每亩有800多株，植于鱼池埂上，先按低干桑规格定植，在每次鱼池清塘时，把塘泥挑到池埂上，覆盖桑条基部，桑条基部在覆土中生根，长成新株，经过夏伐再长出新条，再清塘再覆土，如此一来，鱼池桑园的桑树密度，随着覆土的增高而增高，桑叶产量随桑树密度的增大而提高，桑树群落则随着鱼池埂的整修而更新，形成良性循环。

蚕牧并举：吴江蚕户还在桑园内放养湖羊，既可食杂草，羊粪则成天然肥料。在震泽乡间，蚕牧并举，羊屎肥桑，由来已久，形成良性生态循环，故有"桑地上羊肥，桑树胀破皮"之谚。

间种豆蔬：历史上，蚕农习惯在桑园进行间作复种，在桑树行间种植蔬菜、豆类，豆类植物根系能生物固氮，为桑园土壤增加氮肥，提高了复种指数，以多种经营创收。还有人在桑园内饲养鸡、鸭、鹅，增加了蚕农的收入。蚕户还用蚕沙喂鱼，形成良性循环。

（1）桑树种植与管理技术

"锄头自有三寸泽，斧头自有一倍桑。"在数千年的生产实践中，吴江人民创造性地发明了多种桑树栽培技术，在桑苗繁殖、良种选育、嫁接技术、老桑复壮、树型养成、桑园管理等方面积累了系统而完整的生产经验。发展蚕业必须从培桑开始，培桑又须从种苗抓起。乡民深知桑为蚕之本，故有"要养好蚕先栽桑，要养肥猪先备糠"和"养蚕不培桑，等于养猪冇不（没有）糠"之喻。

采种：太湖流域原先的桑树称"荆桑"，也叫野桑。后通过桑树嫁接技术将黄河流域的鲁桑与荆桑嫁接培育出湖桑，吴江人俗称"家桑"。宋代，吴江地区采集桑种就已应用株选、椹选和粒选的技术。南宋《陈旉农书》中，提出采种须"择美桑种椹，每一枚剪去两头，两头者不用，为其子差细，以种即成鸡桑、花桑，故去之。唯取中间一截，以其子坚栗特大，以种即其干强实，其叶肥厚，故存之"。意思是从选择的良种桑树上采取桑椹，选取成熟的，每枚剪去两头，取其中间一段，择取其中坚实的种子，用于播种育苗。

播种：古代，吴江地区蚕农繁殖桑苗以播种为主，称为"种椹"，为桑苗有性繁殖提供参考。播种时期有春播和夏播，谷雨前后，利用上年贮藏的桑籽播种，称为"春播"；农历五月下旬至六月上旬桑椹成熟时，用新鲜成熟的桑椹或将其淘洗出的桑籽立即播种，称之为"夏播"。播种形式有散播和条播。播种后有遮阳和不遮阳的两种管理方法。育苗床要"锄而又粪，粪必复锄三四转"，苗床宽度一般为1米，即两人面对面蹲在两边畦沟内进行间苗、除草，可以够得着，不须踏上畦面。播种桑籽育成的桑苗为实生苗，其中大的可供定植的，叫草桑，也叫毛桑；中等大小的用来嫁接的，叫砧木，也称蒲头；小的用来作移植的叫广秧。绳的长度与苗床宽度相仿；将粘有桑籽的草绳，每隔15～18厘米的距离排放。

扦插、压条、嫁接：扦插、压条和嫁接是桑苗无性繁殖的方法。宋代，吴江境内蚕农无性繁殖桑苗的方法有扦插、压条两种，此两法能保持母本的优良性状。扦插是用春桑新梢插入土中，又名绿枝扦插，一旦存活，能当年成苗。元代起，吴江县（今苏州吴江区）桑苗无性繁殖一直以嫁接法为主，类似果树嫁接方法。按使用穗条部位不同和处理方法不同，主要有芽接、枝接、根接和靠接等。

栽植：桑苗一般在落叶休眠后至发芽前栽植。农历九月移植为秋栽，深秋至冬季土壤结冻前移植为冬栽，土壤解冻后至桑苗发芽前移植为春栽。选择栽桑时间要根据劳力、肥料、土壤整理情况来调节安排，以提高栽桑质量。桑地宜高平，不宜低湿，低湿之地，积涝伤根。栽种前，要将苗根用清水洗净，剪去腐根、无用根。栽种时，一般均施基肥，要将苗根安置得舒畅，不宜稍有拳曲，盖土时要用松土覆盖用脚踩实。

施肥：古代，吴江县桑树稀植，施肥采用穴施。一年安排4次肥：冬季施肥称"冬肥"；在农历二月中旬或春分至清明前后施的称"春肥"；夏伐后施的称"夏肥"；农历八九月施的称"秋肥"。

（2）家蚕饲养技术

养蚕设施：吴江县蚕农自古在家中养蚕，蚕室设在住宅内。吴江境内传统蚕具主要有蚕架、蚕匾、蚕网、给桑架、蚕筷、叶篓、蔟箔、栈条、草荐、切桑板、叶筛和切桑刀、叶墩、地蚕凳、贮桑缸、火缸、火钳及易耗品如芦帘、糊䓣纸、棉纸、防干纸、尼龙薄膜等。随着养蚕方法的科学化、简易化、省力化，蚕具不断得到革新和发展。

催青：古代，境内蚕农养蚕，在谷雨前后采用家庭人工暖种，促进蚕卵孵化。明代《蚕经》记述"清明之晓，则棉纸裹之，藏于橱之内。俟桑之芽如茶匙之大，则棉絮裹之，暮之覆以所服之暖衣，晨也覆以所盖之暖被。既出也温以火，未出也禁以火焙。"

饲育：收蚁。刚孵出而未饲桑的蚕，体色乌黑，如蚂蚁细小，此时的蚕称为蚁蚕。用鹅毛将蚁蚕轻掸下来，并移到蚕座上的操作过程称为收蚁。收蚁又称摊乌，传统收蚁方法为"桑收法"。

小蚕饲养："养好小蚕一半收"是吴江县蚕农宝贵的实践经验。蚕儿1~3龄为稚蚕期，适宜高温多湿饲养。

大蚕饲养：蚕儿4~5龄为大蚕期，对高温多湿和二氧化碳的抵抗力弱，食桑量大，蚕沙（排泄物）多。稀座、薄饲多喂、饱食是保证丰收的主要关键。饲养密度不宜大，蚕座要宽舒，要防冷防热，室温以25℃为宜；喂叶用整叶，要视蚕的食欲，合理喂叶，采用"两头紧（省），中间松（饱）"的方法，克服"硬三餐"饲育，达到良桑饱食的效果。

上蔟：5龄大蚕经过6~7天便停止食桑，排出大量绿色软粪，胸部透明，身体呈蜡黄色，头部左右摆动时，谓熟蚕。此时，要将熟蚕拣出放到适宜结茧的器具上去吐丝结茧，俗称"上山"。

（3）蚕茧处理技术

采茧：又称"落山"。待蚕儿结茧后须检查化蛹情况，蚕吐完丝已经化成蛹，且蛹体呈黄色时即可采茧，根据上蔟时间先上先采，后上后采，轻采轻放。一般情况春蚕上蔟6天，夏、秋蚕上蔟后4~5天即可采茧。采茧时一般要将双宫茧、柴印茧、薄皮茧等次茧和下脚茧（烂茧）与好茧分开贮放，分别出售，以提高缫丝原料茧的质量。

蚕茧处理：新鲜蚕茧内有活蛹及含较多水分，不能堆压、久放，必须及时作杀蛹处理。

杀蛹贮放和土灶烘茧：古代，吴江地区以养春蚕为主。蚕户一待收茧即排丝车缫丝，以防蚕蛾破茧而出。但春茧采收季节，恰是农村最紧张的农忙时期，鲜茧产量多的蚕户，一时来不及缫丝时，为了不使蚕茧出蛾变质，就进行杀蛹处理后贮存，以待农闲时再行缫丝。于是蚕农采用日晒、笼蒸、盐渍等方法进行杀蛹处理，以暂时贮存。日晒为把蚕茧放在蚕匾内或芦席上，置太阳光下连续曝晒3~4日，晒时要摊薄勤翻，待到茧层干燥蚕蛹枯死为度，然后装袋悬挂在室内通风处备用。笼蒸为把茧放在蒸笼里，置于锅（一般为浴锅）上煮蒸，将蚕蛹杀死，然后日晒将茧层水汽和死蛹晒干，以免发霉变质。盐渍为将茧放在大瓮内，瓮底先铺竹席或桐叶，铺一层茧约10斤，放盐2两，然后再铺茧、放盐，盐溶化后液体有徐徐溶解丝胶作用。

共同干茧：民国13年（1924），江苏省立女子蚕业学校推广部在吴江县震泽蚕业指导所，组织蚕农共同干（烘）茧，直接运往上海销售。这是江苏省共同干茧的先例。民国20年，江苏省建设厅认为"共同烘茧"的办法好，公布《四项救济办法》：县市督导所属蚕业机关在蚕业茂盛区域组织"共同烘茧"，使蚕户无处售茧时，能够得到杀蛹干茧之方便；县市应劝导各蚕户将干茧集零为整，易于出售；县市商业银行及其他借贷机构，发放轻利干茧押借款，以便周转；由县市指导蚕户租用当地原茧行原有贮茧仓库。

4. 江苏吴江蚕桑文化系统的价值

（1）蚕桑物种资源保护的重要地区

吴江地区地势平坦，河网密布，四季分明，气候条件优异，非常适宜种桑养蚕，由此形成了以蚕桑为主的丰富的农业种质资源。传统蚕桑品种是吴江重要的农业战略资源，对品种改良及新品种选育具有重要价值。

（2）吴江人民赖以生存的传统产业

"养得一季蚕，可抵半年粮；种得一田桑，可免一家荒"反映了蚕桑文化系统在历史时期给吴江居民带来的高经济效益。在多年的发展进程中，遗产地形成了较为完善的蚕桑产业链发展格局，包括从桑苗生产、蚕种生产，到蚕茧生产加工及专业营销一体化等，吴江蚕丝被畅销国内外，为吴江社会经济发展和乡村繁荣昌盛作出了巨大的贡献。

（3）和谐社会男耕女织的典型代表

蚕桑文化系统是小农社会下的产物，是在区域自然环境、经济基础、历史文化等多因素共同作用下形成的，具有很强的地域性，体现了小农经济下的以家庭为单位，男耕女织的中国传统劳作方式。蚕桑产业是一种劳动密集型产业，对维持遗产地居民可持续生计，社区稳定及实现遗产地乡村振兴具有重要意义。从桑苗种植到纺织业和相关产业的机械制造，包含轮种、套种、间种及蚕茧加工带动缫丝业、纺织业等均需大量劳动力的参与，且各工种对文化程度要求不高，劳动强度轻重有别，老弱妇孺均可参与，加上常年无歇，从而有效地解决了农村剩余妇女劳动力，使广大农村妇女能自食其力。

（4）太湖流域农耕文化的集中体现

蚕桑文化系统是千百年历史进程中当地居民与自然协同进化的产物，不仅为当地居民提供了衣食来源，还是当地先民不畏劳苦、变害为利、勇于创新的具体见证和优秀农耕思想的传承载体。为实现农业好收成，蚕桑等农事活动中人们"顺天时、应地利"，合理运用人力引导天、地、人有机协同，充分利用各类资源，深刻体现了我国古代以"天人合一""节用物力""中正平和"为核心的农耕哲学理念，是中华农耕文化的瑰宝。深入挖掘和弘扬吴江蚕桑文化，对遗产地培育文化自信、塑造乡风文明、振兴传统产业无疑具有重要意义。

（5）生态农业科普科研的理想场所

吴江蚕桑的发展史，就是一本鲜活的蚕桑农耕史，为开展蚕桑科学研究提供了理想场所，为人们认识蚕桑文化提供了最佳科普教育基地。遗产地蚕桑文化历史悠久，深入挖掘遗产地种桑养蚕历史，对其寻根溯源，对研究农耕文明发展具有重要的历史学术价值。同时，吴江丰富的种质资源和生物多样性，为农业基础研究提供了丰厚的材料。特别是蚕桑文化系统中动物、植物、微生物之间互利共生的关系，以及对环境和人类生活的影响都可以作为自然科学的研究对象。

（6）种桑养蚕农耕技术的传播基地

以桑基鱼塘为代表的桑基圩田生态农业模式，具有良好的社会、经济和文化效益。桑基鱼塘的农业生产模式，不仅有利于蚕桑业和淡水渔业的发展，而且能够促进丝绸工业的发展，是一个兼具"绿水、低耗、环保、循环"的完整且科学的农业生产体系。桑基鱼塘系统解决了生产力落后和经济结构单一时期人们发展生产面临的诸多问题，实现了对自然资源最大程度的合理和有效利用,既是我国生态循环农业的典型示范,也是对人类农耕文化的重要贡献。从现代集约经营的角度来看,或许桑基鱼塘系统的经济效益不是最高,但其蕴含的生态和经济循环理念值得保护和传承,这也是农业文化遗产保护的目的和意义。

5. 文化与民俗

蚕桑历来是吴江百姓的传统产业、优势产业、富民产业,蚕农的日常生活与蚕桑紧密相连。其衣食住行、生老病死,无不渗透蚕桑生产的影响,形成独特的民俗文化。这些风俗习惯有的是劳动人民创造的,有些是官方推行、约定俗成的。有关蚕桑生产的风俗,有的来源于对蚕、桑的原始信仰和崇拜,有的出于祛除蚕桑病祟的迷信行为,有的反映了对蚕桑丰收的祈祷和丰收后的庆贺,有的关系着蚕桑生产的人际关系和社会活动。

(1) 母子情

震泽一带农民形象地说"上半年人养蚕,下半年蚕养人",实在是对人蚕关系富含哲理的高度概括。蚕户对家蚕怀有浓厚的感情,亲切地呼之为"蚕宝宝",一则蚕儿通身是宝,丝、绸、绢、绵绸(土绸)、丝棉、丝线,蚕蛹等皆来之于蚕,给民众带来取之不尽的财富;二是吴语地区生男喜称宝宝,生女则称囡囡或丫头,蚕儿不仅被视为家庭成员,而且被当作儿子对待。养蚕妇女不论婚否概称为看蚕娘娘,或简称蚕娘。蚕儿蚕娘结为母子,至为亲昵。

（2）蚕谚

乾隆《震泽县志》说："丝之丰歉即小民有岁无岁之分。"丝丰在于蚕壮，系之于当年养蚕之成效。养蚕之始，直至采茧，丰歉始终是个悬念。蚕家在农历三月初三先观天气进行预测，崇祯《吴江县志》（稿本卷十二风俗）记述此日"若天阴无雨不见日色，则蚕好"。清明当日则对桑芽发育进行物候观察，以预测桑叶产量，得出"清明一粒谷，看蚕娘娘哭。清明雀口，看蚕娘娘拍手"的蚕谚，此中蕴含叶盛、蚕壮、茧丰之间的因果关系。

（3）戴蚕花与蚕神

养蚕伊始，蚕乡妇女上至老妪，下及女童都用红色彩纸折成花朵插在发髻、鬓角或辫梢上，称为"戴蚕花"，喜气纷呈。杂货摊及庙会上还有用绢或绒做成的精致蚕花出售。花是美好的象征，蚕花是蚕区乡民心中的吉祥物，即使非养蚕季节，在婚嫁迎娶的喜庆场合都少不了它。出于神秘感、精神寄托、感恩、祈求，先民逐渐将蚕神格化，涂上了神灵的色彩，产生了广泛的蚕神崇拜。如震泽镇上城隍庙弄口的蚕皇殿（轩辕祠）内供奉蚕神像，蚕汛时节香火颇旺；震泽丝业公会第三进亦设螺祖殿；而四方乡脚的寺庙也大都在偏殿或旁边座上塑有蚕神像，甚至村头巷尾的小土地堂也兼而有之。有些富有蚕户在家屋墙壁上砌神龛，自供蚕神像。

相传小满日（5月21日左右）是蚕神生日，为了祈祷蚕神保佑丰收，丝业兴旺，便由当时盛泽丝业公所出资在祠内戏楼酬神演戏3天。届时，周围数十里的蚕农都前来进香看戏。先蚕祠前原有河，河上有终慕桥（又名百嘉桥），据文献记载，小满戏时人山人海，连桥上都挤满人。

（4）蚕关门与蚕开门

养蚕之始，先要孵蚁，蚕娘身穿棉袄，将蚕种焐在胸口，靠体温使之孵化，称为暖种。遇上春寒，还要盖上厚棉被。暖种期间，蚕娘少言寡语，消除杂念，家人也不来相扰，气氛严肃庄重，犹如十月临盆。在此期间，一切交易活动停止，家家闭户，不相往来，村坊里行人寥落，悄然肃穆。

采茧以后，养蚕全过程结束，蚕家门户洞开，称为"蚕开门"。此时，新丝即将缫制上市，"活来钿"进账指日可待。蚕月大忙，有了巴望，蚕家置办酒宴庆贺，康熙年间《吴江县志》载："采茧为落山矣，乃具醴牲飨神，速亲宾以宴之，名'落山酒'。"

（5）口彩与忌讳

讨口彩即蚕农用吉利的语言表达自己的期望，在震泽四乡甚是普遍的自我安慰心态。如在堂屋、蚕室到处悬挂长条红纸，纸上用毛笔书写"蚕花廿四分"。口语禁忌是把毫不相关的事物牵扯在一起，多半是谐音关系，联想成可能发生的祸患，纯属牵强附会，如忌说死字，见到死蚕只能悄悄拣出，不能言传；忌说"生姜"，避"僵（蚕）"之讳，忌称"豌豆"，避"完结"之嫌。

行为举止上也有诸多忌讳：忌拍打蚕箔，防止拍光财气；忌对蚕儿计数，以防"越数越少"；大眠之后在蚕室内严禁赤膊，以防蚕宝宝看样学样"不穿衣"（不结茧）；养蚕期间禁止外出看戏，禁谈戏文情节，以防蚕儿翘首"看戏"而不食叶，不长身。这类行为禁忌的实质是想象家蚕行为的人格化。

（6）怯蚕祟

古代蚕农靠天吃饭，科学知识有限，如蚕事顺利归功于神灵保佑；若蚕事失利则归咎于鬼怪作祟，故而想尽办法驱赶危害蚕宝宝的邪神恶煞，使之逢凶化吉，遇难成祥。如在门前地面上用石灰浆水画出弓和箭驱鬼，或在门框上方高悬"照妖镜"，或张贴门神像守护蚕室。经济较宽裕的蚕户在蚕事之前延请僧道拜蚕花消灾驱邪。

（7）蚕家婚俗

吴江太湖沿岸蚕家儿女自幼就由其母悉心教会养蚕做丝技艺，10岁左右，栽桑、饲蚕、缫丝娴熟自如。清嘉庆年间，同里诗人金黄钟在其《养蚕词》中有"女缫丝，母炊汤，女儿二七如母长"之句。农村对亲时，媒婆除对未来新媳妇的家境、容貌、人品详加铺陈外，还要不厌其烦地吹捧媳妇的养蚕做丝技艺，以期撮合成功。娶进能干的新媳妇，无异增添了帮手，故男家询问甚详。

江苏吴江基塘农业系统

　　江苏吴江基塘农业系统位于江苏省苏州市吴江区，以桑基鱼塘为核心模式，主要由稻作、蚕桑和渔业三部分构成，系统内稻田、蔬菜、鱼蟹、桑地，种养结合，环环相扣，相互依存，形成水下和陆地互为循环的人工生态系统。该系统以源远流长的生产历史、独特的蚕桑种养技术、绿色的农业生产方式、巧夺天工的丝织技艺为特征，积淀了厚重的蚕桑丝绸文化底蕴，铸就了独特的地域名片。该系统于2023年被认定为第七批中国重要农业文化遗产。

1. 自然地理概况

　　吴江区地处亚热带湿润季风气候区，年平均降水1 151.3毫米，平均日照1 912.7小时，平均气温16.3℃，无霜期221天。平均相对湿度为81%，各月平均都在75%以上，8月最大为89%，12月最小为71%。一般情况下相对湿度夜间大，尤其是凌晨；白天小，尤其是午后。冬季相对湿度极端最小值为8%。

吴江属太湖沼泽平原区，分为两种类型，西北部太湖沿岸为湖滨圩田平原，其余地区为湖荡平原。湖滨圩田平原面积198.4平方千米，占全市总面积16.9%，主要分布在临太湖的松陵、横扇、七都等镇，田面高程2.2～3.5米，河道密度大，呈向太湖的网格状分布；区内湖荡平原面积978.2平方千米，占全市面积83.1%，田面高程3.2～4米。

2. 历史起源

吴江区地处太湖东岸，其农业发展的关键是与水争田。吴江基塘农业系统始于春秋时期的圩田，后在塘浦（溇港）圩田的基础上不断发展，加之传统农耕技术和经济诱导的双重推动，江苏吴江基塘农业系统应运而生。

明代时，吴江地区的基塘农业就已经呈现出渔牧粮园有机结合和综合经营的特点，先民们将低洼浅水改造为池塘，池中蓄鱼，鱼池上则建造房屋、养殖家畜，鱼则以家畜粪便为食。其余地方则围以高塍，塍上种植梅桃等果树；圩泽里面种植茄、茨、菱、芡等水生蔬菜。可畦者，以艺四时诸蔬。吴江基塘农业系统中混合种养的模式能够将系统内部各要素的功能发挥到最大，从而实现系统内部废物的零排放。

吴江基塘农业系统悠久绵长的生产历史，多样的农业互换性衍生了丰富多彩的渔文化、蚕桑文化、丝绸文化、水文化，并呈现出水陆交接的农业种养景观，见证了太湖流域自然、社会的变迁，是诗画江南、太湖水乡和吴越文化的"活化石"。

3. 技术体系特征

桑基鱼塘，是一种挖深鱼塘，垫高基田，塘基植桑，塘内养鱼的高效人工生态系统。桑基鱼塘的生产方式是：蚕沙（蚕粪）喂鱼，塘泥肥桑，栽桑、养蚕、养鱼三者结合、互相促进，形成良性的生态循环系统。桑基鱼塘的发展，既避免了水涝，又能取得较理想的经济效益，同时还减少了环境污染。

基于吴江地势低洼、多发洪涝的自然条件，吴江的先民们对塘浦圩田系统加以改造：将积水洼地深挖变成鱼塘，塘泥则堆放在鱼塘周围成为塘基。塘基上可种桑养蚕、种植花卉、养羊等，塘内以养鱼、蟹、鳖等水产品为主。这种模型切实根据生态学原理组织农业生产，充分利用当地自然资源，利用动物、植物、微生物之间相互依存关系，实行无废物生产，提供尽可能多的清洁产品，既有效地利用机械设备、化肥、农药，又尽量减少其污染影响，也充分吸收传统农业的经验，力争实现绿色植被最大、生物产量最高、光合作用最合理、经济效益最好、生态平衡最佳等目标。吴江基塘农业系统以桑基鱼塘最具代表性，基上种桑、蚕牧并举、羊屎肥桑、蚕沙养鱼、鱼粪肥塘、塘泥壅桑，系统内部形成了良性生态循环,是一种典型的生态混合种养生产模式。

4. 江苏吴江基塘农业系统的价值

（1）历史价值

吴江地区基塘农业最早始于春秋时期,是江苏地区基塘农业的一个缩影,是江南水乡传统农业中综合农业生产模式的实物代表,为研究吴江乃至整个江苏地区的原始农业生态养殖方式提供了实物资料。吴江基塘,一直以种桑、养蚕和养鱼相结合的综合生态循环生产模式发展至今,很好地展现了明、清、民国及现代各个时期自身的发展变化。

（2）艺术价值

吴江地区基塘整体布局完整,四面环水,鱼塘与桑基基本均匀分布,桑基内种植规整桑树,鱼塘形状亦很规整,形成了独特的农业景观和生态景观,具有较好的观赏价值。

（3）科学价值

桑基鱼塘是我国古代劳动人民结合地形、环境、气候等各项条件创造的一项科学的生态农业生产模式、完整的生态系统、遵循自然规律的能量循环,具有较高的科学研究价值,也是提倡保护生态、科学种植的典型实例。这种依托自然的生产模式是古代水乡蚕区劳动人民智慧的结晶,其科学性直到今天仍值得借鉴,主要有以下几点。

在不改变自然地貌的前提下,充分利用、借助自然条件:鱼塘是利用原有的河汊、湖荡和低洼圩田,桑基是利用原有的高墩地,通过历年的深挖和垫培,使错落有致的地貌逐步定型。

根据地貌地形地势，种植养殖不同的物种，开展立体式多种经营：鱼儿离不开水，便在深水处养殖鱼虾，菱角、莲藕等属于水生植物，在浅滩处种植，桑树喜燥但又不能缺水，便在岸边高墩处种植。

循环利用，不产生废物：蚕食桑叶，产生蚕沙，鱼食蚕沙，产生鱼粪，又作为桑树的肥料，转化为桑叶，环环相扣，形成一个生态食物链，中间基本不产生污染。

根据物候、气候、节候，一年完成一个循环：初春水浅放下鱼苗，一季春蚕，一季夏蚕，三季秋蚕，产生大量蚕沙，为鱼虾提供了丰富的饵料，加上夏季雨水丰沛，塘满食足，鱼虾迅速生长，冬天雨水稀少，起塘捕鱼，鱼虾供应市场，塘泥挑至岸上培桑，循环往复，周而复始。

（4）社会与文化价值

桑基鱼塘是江南"鱼米之乡"的雏形，是我国古代农耕文化的重要体现之一。在古代，桑基鱼塘是该地村民的主要经济生产模式，产出的蚕丝及鲜鱼是主要的经济产品，至今村里大部分农户仍每年种桑养蚕，延续这一生产模式。另外，由这一生产模式衍生了众多与蚕桑有关的文化习俗，有的是对蚕、桑的原始信仰和崇拜，有的出于祛除蚕桑病祟的迷信行为，有的反映了对蚕桑丰收的祈祷和丰收后的庆贺，有的关系着蚕桑生产的人际关系和社会活动，这些文化习俗大多流传至今，也是人们对生活的一种向往和信念，具有重要的社会文化价值。桑基鱼塘的生态循环系统，对传承和发扬中国"天人合一"儒家生态思想、推进生态文明建设和保持经济可持续发展，减少农业污染、保护生态环境，传承中国历史悠久的蚕桑文化、丰富文化生活、保持社会和谐稳定都具有重要的现实意义。

留住江南农耕文明活化石

江苏吴江基塘农业系统具有悠久绵长的生产历史，多样的农业互换性衍生了丰富多彩的渔文化、蚕桑文化、丝绸文化、水文化，并呈现出水陆交接的农业种养景观，见证了太湖流域自然、社会的变迁，是诗画江南、太湖水乡和吴越文化的"活化石"。吴江在保护传统基塘农业上持续发力。围绕桑基鱼塘这一核心基塘模式，制定了《环长漾桑基鱼塘规划设计》，结合吴江太湖、太浦河、环长漾等片区村庄的不同肌理属性，以传承和保护为立足点，发展"溇港型、田园型、湿地型、聚落型、湖荡型"等类型具有地域特征的桑基鱼塘，辐射带动周边的震泽镇太湖雪蚕桑文化园、七都镇浦江源太湖蟹生态养殖示范园、平望镇华佳·长漾里现代化蚕桑综合示范基地、万顷太湖蟹（双湾村）养殖基地等典型的基塘农业。

江苏吴中传统水生蔬菜栽培系统

江苏吴中传统水生蔬菜栽培系统位于江苏省苏州市吴中区,以传统水生蔬菜栽培为核心产业,同时与混养鱼螺、套种陆生作物等生产方式有机结合,实现了立体布局与生态循环。系统的核心物产茭白、莲藕、荸荠、慈姑、水芹、芡实、莼菜、菱等传统水生蔬菜,素有"水八鲜"之美誉,自古名扬各地。该系统于2023年被认定为第七批中国重要农业文化遗产。

1. 自然地理概况

吴中区位于苏州的地理中心，北与苏州古城、苏州工业园区、苏州高新区接壤，南临苏州吴江区，东接昆山市，西衔太湖，与无锡市、浙江省湖州市隔湖相望。地理坐标为东经119°55′～120°54′，北纬30°56′～31°21′。

吴中区为太湖水网平原区的一部分，地势低平，水网稠密，湖荡众多。低山丘陵呈岛状分布在区内西南太湖沿岸的平原上或太湖之中，以阳澄湖为主的湖群偏集于东部，整个地势由西南向东北微微倾斜。全区平均海拔约为5米，穹窿山主峰海拔341.7米，为全区最高点。

吴中区属北亚热带湿润性季风气候类型，加上太湖水体的调节作用，具有四季分明、温暖湿润、降水丰沛、日照充足和无霜期较长的气候特点。

吴中区属长江下游南岸太湖流域水系的平原水网区，河港纵横，湖荡密布，为著名的水乡泽国。区域西衔太湖，东含阳澄湖与澄湖，北有望虞河连接长江，南有吴淞江沟通海域，京杭大运河纵贯南北，胥江、娄江横穿东西。20多条骨干河道汇合区域内20多个湖荡形成西引太湖、东入长江的自然水系，遍布区域内的塘、浦、河、港又串通其间，起着调引、蓄纳和吞吐的脉络作用，构成一个较为完整的湖荡河网系统。

吴中区位条件优越，生态资源禀赋独特，境内拥有五分之四的太湖山峦、五分之三的太湖水域，被誉为"太湖最美的地方"。在得天独厚的自然条件与地理环境孕育下，吴中以传统水生蔬菜栽培为基础，逐渐形成了与之相关且别具一格的传统水生蔬菜种质资源、传统水生蔬菜栽培技术及水乡节庆习俗、民间风物等核心要素，这些共同组成了吴中传统水生蔬菜栽培系统。遗产地核心保护区包括江湾村、湖滨村、三马村及前港村4个行政村；遗产地拓展辐射区包括甪直镇、临湖镇、横泾街道3个乡镇及街道；遗产地一般保护区为吴中区全域。

2. 历史起源

水生蔬菜是指生长在淡水中，可作蔬菜食用的草本植物。吴中全境湖泊星布，河港纵横，气候温和，无霜期长，雨量充沛，优越的水气条件极其适宜水生蔬菜植物的生长。考古资料显示，吴县草鞋山遗址（于今吴中区唯亭镇东北2千米处）中曾出土有菱的茎部和果实仁。这一发现，虽不能完全佐证吴中地区的古人类在距今6 000年前已经开始将水生植物驯化和栽培，但反映了当时人类对菱这一水生植物的食用价值已有所认识，并有意识地去采集利用。在人为因素较少干预生态环境的春秋至秦汉时期，吴中地区部分传统水生蔬菜植物资源在各个湖泊及河道均有广泛的自然生长分布。

六朝时，吴郡一地的莼菜在中原地区声名远播，一度成为春夏之季江南的名味。《晋书·张翰传》中记载了西晋张翰"因秋风起乃思吴中菰菜、莼羹、鲈鱼脍"的典故；其时又有陆机"千里莼菜羹对羊酪"之名句。另外，这一时期，囿于吴中仍有诸多浅水沼泽尚未被开发，加之人工定向采集培育的加强，莲藕人工栽培规模蔚为大观，其出品更是贡品中的珍品，苏州地方志以及文人诗词歌集中对此多有描述。发展至宋元时期，江南经济更为发达。人们根据长期以来采集利用水生植物的经验知识，创造性地利用低洼湖田、沼泽漾塘栽培能够适应低洼丰水环境的水生蔬菜，并充分利用其生物学特性，合理安排传统水生蔬菜栽培的时间茬口和土地茬口，将栽培水生蔬菜作为耕地的延伸，从而形成了适应该地区农业经济发展并符合循环经济和生态农业原理的吴中传统水生蔬菜栽培系统的雏形。这一时期，不但菱角、芡实、莲藕、茭白等传统水生蔬菜栽培继续得到发展，且荸荠、慈姑、水芹等适于浅水生长的传统水生蔬菜的驯化栽培业已出现。至明清时期，繁荣的市镇经济进一步推动了吴中传统水生蔬菜栽培产业的发展。如此一来，传统水生蔬菜栽培之利"较农桑为优"，以至于一些地区还出现了"民以种藕、畜鱼为本业，而不专倚田"的局面，并且逐渐形成了一系列大规模的传统水生蔬菜集中产区。民国时期，吴中传统水生蔬菜的美名远扬。得益于交通条件的改善，茭白、莲藕、菱角、芡实等传统水生蔬菜被运至吴中周边、上海及北京等地。

3. 技术体系特征与景观体系

在顺应天时的过程中，吴中农人掌握了不同作物的生长规律，并对它们进行合理的排列组合，形成了独特的传统水生蔬菜轮作制度。众所周知，水生蔬菜多在浅水湖荡和低洼水田等地栽培，多年重茬会造成作物营养失衡、病虫害增加、产量下降及品质降低。因此，实行合理的轮作换茬，可经济利用水面、提高综合效益。在吴中，有"莲藕、茭白—慈姑—藕、茭白—荸荠"的"两年四熟"轮作模式，"莲藕—秋种两熟茭白—芡实—水芹"的"两年五熟"轮作模式，"莲藕—

水芹—春种两熟茭白—慈姑"的"三年五熟"轮作模式等，这些轮作换茬耕作制度确保了传统水生蔬菜栽培在单位面积上能够获得最大的收成。可以说，"因物制宜、因地制宜"的思想理念，是吴中传统水生蔬菜栽培系统可持续发展的理论基础。时至今日，其仍在指导着吴中农人的生产耕作。

适宜的田间管理有助于发挥品种优势，提高传统水生蔬菜产量及降低农药、化肥对水环境的污染。吴中传统水生蔬菜栽培采取了"整地施肥、水分调节、扎垄防风、水质管理、耘田除草、伤叶促根、及时补苗、分次追肥"等田间管理措施。

整地施肥：例如，茭白秋种时需要平整土地，将翻起的藕茬、茭茬清理干净，再推平表土并施入基肥。

水分调节：例如，莲藕栽培，农谚"涨水荷叶落水藕"点出了浅水塘藕在田间管理上的总原则。即，前浅—中深—后浅。定植初期保持浅水3~5厘米，有利于提高地温、加速藕苗成活及促进萌发；之后的生长期逐渐加深至10~15厘米，有利于莲藕生长和立叶逐渐高大，并可抑制细小分支的发生；莲蓬膨大期水位降至3~5厘米，可促进结藕并使藕身膨大，若水位过深，则会促使植株再生立叶和延迟结藕。另外，采收期可加深水位至10厘米左右，使土壤疏松便于挖取。

扎垄防风：例如，在大面积种植菱角时，若风浪较大，在菱苗出水或移苗后，须立即扎菱垄，防风浪冲击和杂草飘入菱塘。芡实亦如此，若在湖荡或大田种植，须在四周栽种茭白。荡内每隔四五行纵横栽茭白一行，形成防风带。

水质管理：例如，莼菜对水质要求极高，不耐污染。青泥苔、蓝藻等繁生浮游藻类是莼菜的大敌，会与莼菜争光争肥并黏附于莼菜茎叶上，堵塞气孔，抑制莼菜生长。因此，发现此类浮游藻类时，须马上用工具捞除，并注意换水。

耘田除草：例如，荸荠定植10天后即可耘田除草，以免株丛过密影响透风透光，待匍匐茎布满大田时停止，通常耘田3~4次。宜在上午凉爽时进行，否则易损伤新生的叶状茎。

伤叶促根：菜农在莲藕成熟前半个月会进行"试藕"，挖出莲藕查看情况，若有锈斑或生长不良，则要打叶、灌水，让养分更多供给藕根，以保证最后能采收到洁白粗壮的藕。这也是唐李肇《唐国史补》卷下中所提到的"伤荷藕"："苏州进藕，其最上者名曰伤荷藕，或云：'叶甘为虫所伤'；又云：'欲长其根，则故伤其叶'。"

分次追肥：传统水生蔬菜的追肥多施用腐熟的人粪或杂肥，如果是液体肥料，要先放水，后施肥，或与河泥混拌然后施下，以防随水流失。由于水生蔬菜作物生长习性的差异，因此吴中地区不同水生蔬菜追肥的时间与方法略有不同。

现代科学实验研究表明，传统水生蔬菜是兼用性最佳的一类作物。栽培传统水生蔬菜可以有效改善湖泊、漾塘和泽田的水环境。在栽培传统水生蔬菜的水域，水体中的溶解氧含量更为丰富。吴中农家栽植菱角、莲藕等水生蔬菜，采收以后一般将其茎叶等部分留在水底，让其自行腐烂，从而使水底淤泥增肥，这样过两三年，其地被开发为稻田，即相当肥沃。此种湿地农业经营习惯于唐宋时期已经形成。

吴中农人在长期的生产实践中，充分利用水生植物生物学特性及自然界物质循环规律，在栽培区域内通过套种不同种类的传统水生蔬菜，使不同传统水生蔬菜在同一环境中共同生长，形成分级利用、各取所需的生物群落立体结构。在这一条件下，有限范围内的土地、水体和阳光等自然资源都得到充分且合理的利用，有效实现了生态效益、经济效益和社会效益的统一。

4. 江苏吴中传统水生蔬菜栽培系统的价值

（1）生态价值

现代科学实验研究表明，传统水生蔬菜是兼用性最佳的一类作物。栽培传统水生蔬菜尤其沉水水生蔬菜能够有效地进行水质净化，从而有调节水生生态系统的物质循环速度。在栽培传统水生蔬菜的水域，不仅水质清澈，水体透明度高，含沙量小，同时螺、蚬等底栖动物的种类和个体数量较多，水体中的溶解氧含量更为丰富。传统水生蔬菜的植株枯死之后，即凋落沉入水底，成为河港中河泥有机质的重要来源。传统时代吴中农家投入大量的时间和劳力捞取河泥作为肥料，并将其与栽植传统水生蔬菜相结合，是其时吴中地区河网水环境得以维持在较好状态的人为因素。

（2）经济价值

在吴中传统水生蔬菜栽培系统的核心保护区甪直镇，包含慈姑、荸荠、莲藕、茭白、水芹、芡实、菱角等在内的传统水生蔬菜栽培，拉动了一条含传统水生蔬菜加工、市场交易、餐饮、度假休闲等产前、产中、产后环节在内的产业链。仅在甪直镇江湾村一地，2017年就已实现传统水生蔬菜生产总量1.8万吨，销售额达9 000多万元，农村居民人均纯收入达31 500多元。近年来，在江湾农产品专业合作社的努力下，传统水生蔬菜电商运营蓬勃发展。一方面，合作社建立了与传统水生蔬菜营销相关的微信公众号及首个区级农产品销售平台——吴中产鲜商城；另一方面，合作社结合各类线下推广活动，使吴中芡实成为中秋前后送客户、发放公司福利的新宠。2016年，仅合作社电子商务销售总额就突破300万元。另外，在传统水生蔬菜线下销售平台上，核心保护区内目前已建有1 200平方米的传统水生蔬菜农产品交易市场。该农产品交易市场通过"基地+农户+合作社"的经营模式，使核心保护区内的传统水生蔬菜全面进入交易市场进行销售，为传统水生蔬菜的有序、规范交易奠定了良好基础，同时也为本地区农民增产致富提供有力保障。

（3）社会价值

农业文化遗产是农业村落依托当地的自然条件要素创造并世代传承的传统农业生产系统。作为一种具有高度社区黏性的活态复合遗产，农业文化遗产不仅维系了当地自然生态的平衡，也支撑了当地特有的社会结构和文化系统。吴中农人于浅水塘漾、低洼水田栽植传统水生蔬菜向来不易，除了要上缴相关农业赋税，还不时要面对各种自然灾害的袭扰，因此农人之间逐步形成了互帮互助的优良传统。以地缘为基础的传统邻里关系，通过人们在生产与生活中互帮互助的活动联结，使得当地人在情感上存在着强烈共同体认同感。

（4）文化价值

吴中传统水生蔬菜栽培耕作与当地百姓的日常生产生活高度融合，密不可分。世世代代的吴中劳动人民在栽培耕作传统水生蔬菜以创造物质财富的同时，也创造了灿烂的水乡文化民俗，这些民俗丰富多样，且融汇于吴中人民的日常生产生活、衣食住行、婚丧嫁娶、人生礼俗、日常交际之中，已然深深地烙印在每位吴中人心中，成为独特的乡土记忆。如观荷节、打连厢、宣卷、荡游船、抬猛将等，都是吴中水乡民俗与传统水生蔬菜栽培耕作的重要见证。

（5）科教价值

科普教育是观光农业的重要发展趋势。传统水生蔬菜科普教育主要以儿童、青少年学生以及对农业知识感兴趣的游客为主要服务对象，通过展示水生蔬菜的种类及其生长过程、无土栽培和基质栽培等高科技种植方式传播相关农业知识，达到科普教育的目的。在甪直古镇澄湖现代科技生态农业示范园内，设立有"水八仙科普展示馆"。展示馆结合

"为农服务""七彩夏日""万物启蒙之水八仙"等系列科普活动,以集中参观、户外拓展、知识学习、现场体验等方式,在寓教于乐之中使民众获取传统水生蔬菜科普知识。"水八仙科普展示馆"作为江苏省青少年科普教育基地,先后成为苏州市以及吴中区两级政府认定的科普教育基地、苏州市未成年人社会实践体验活动站,也是众多学校的科学教育实践基地,其充分发挥了科普、宣传、教育的功能和作用。

5. 文化与民俗

因优雅的外形和各种美好的寓意象征,荸荠、慈姑、莲花、荷叶很早就被作为元素设计于器物上。如清代流行一种瓶式,称"荸荠瓶",因其器腹扁圆、形如荸荠而得名。另外民间乐器中,有一种打击乐器,名为"荸荠鼓",鼓体为硬木,鼓两面蒙皮,呈极扁的球形,形似荸荠,也称点鼓、怀鼓。此鼓在许多戏曲、曲艺伴奏中均会用到。在传统首饰中,慈姑叶多被单独拿来作为装饰素材。有些文玩器具,也会直接模仿慈姑叶的外形来制作,比如故宫所藏的一只嘉靖年间的戗金彩漆鱼藻纹慈姑叶式盘。不只荸荠和慈姑,莲花、荷叶在茶具上的应用也很多。其中风炉、盖罐、盏托、茶碗,往往就以莲花、荷叶为造型来设计。

在吴中,作为传统水生蔬菜之一的莲藕,其花实图案在服饰用品方面的应用十分普遍。在人们的生产生活中,莲被赋予了很多特殊内涵,成为象征美好、高洁、吉祥、和合、爱情、婚姻美满、多子昌盛、生活富裕等的吉祥物。妇女们常舍得在服饰上多花些工夫,精心地缝绣出各种美丽的吉祥图案。甪直水乡妇女服饰即为其中一大代表。作为苏州水乡民间服饰的典型代表,甪直水乡妇女服饰距今已有五六千年的悠久历史。因其具有鲜明的地域特色,常被赞誉为"苏州少数民族服饰"。在过去,吴中水乡妇女常常在水田中弯腰劳作,手足常受到蚊虫叮咬,妇女们制作衣服时会将袖口、裤脚口刻意收紧;插秧、收割时,其所穿服装肩部、肘部袖口等部位极易磨损,故而拼接衫、束腰等应运而生。千百年来,甪直古镇的自然环境与生产方式极大地推动了甪直水乡妇女服饰的形成与发展,最终形成极具乡土气息和地域特色的服饰文化。

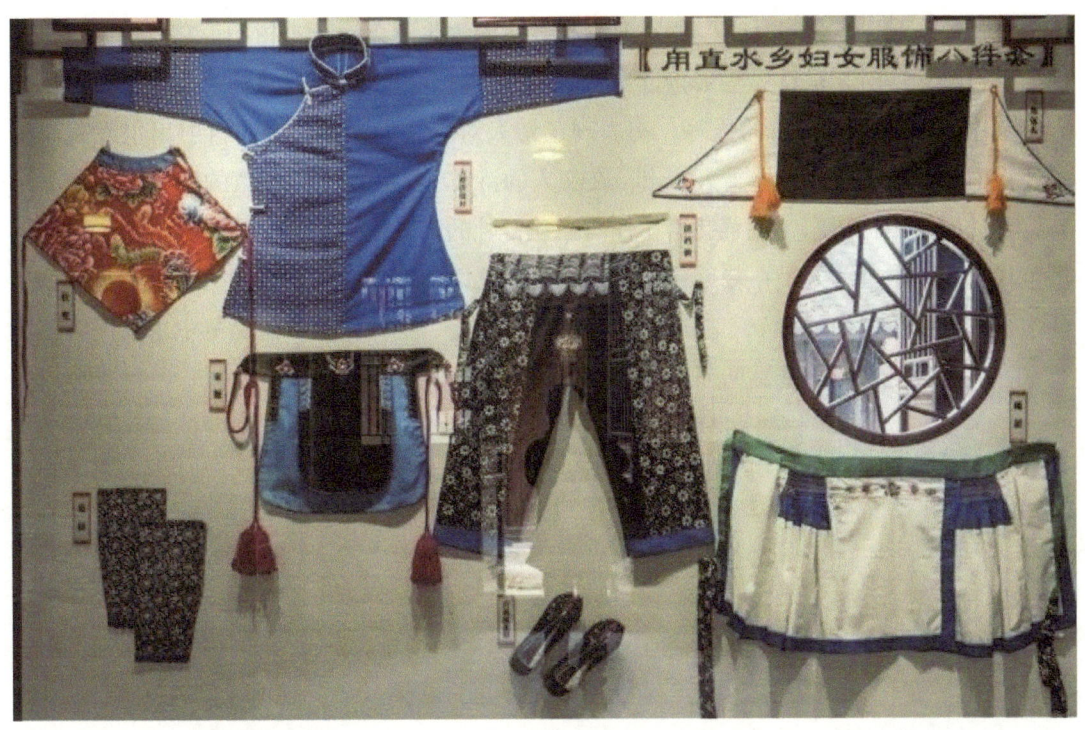

　　吴中文化底蕴丰厚,历来多吸引文人到此。明徐有贞《苏郡儒学兴修记》中记载"郡甲天下之郡,学甲天下之学,人才甲天下之人才"。良好的人文环境,使吴中的蔬食文化亦沾染了浓厚的文化韵味。在文人的世界中,传统水生蔬菜除了有"食"的功用外,还可作为"托物言志""借景抒情"的重要素材。传统水生蔬菜属草本植物，它植根土膏，气饱风露，顺天应时，被认为是最接近自然的一种食材。因其渐近自然的物质属性，历代文人诗词中很多对蔬食生活的描写，都表现了诗人对自在生活的向往，折射出主人践履闲旷、淡泊世事的心态。吴地文人辈出，在文人的诗文中，传统水生蔬菜的影子比比皆是。

另外，吴中传统水生蔬菜栽培耕作与当地百姓的日常生产生活高度融合，密不可分。世世代代的吴中劳动人民在栽培耕作传统水生蔬菜以创造物质财富的同时，也创造了灿烂的水乡文化民俗。如观荷节、打连厢、宣卷、荡游船、抬猛将等，都是吴中水乡民俗与传统水生蔬菜栽培耕作的重要见证。

江苏省级重要农业文化遗产探索（第一批）

南京高淳相国圩水利系统

南京高淳相国圩水利系统位于苏南边陲的高淳区，地形以平原为主，水网密布，形成了肥沃的土地和独特的生态环境。相国圩始建于春秋时期，历经千年风雨，以其坚固的堤坝和精妙的水利设施，屡次抵御洪水侵袭，赢得"铁相国"的美誉。传统的农业文化在这里不断传承，高淳话作为古吴语的代表和民间歌舞交融，展现了勤劳人民的智慧与韧性。高淳人民通过荡旱船和跳五猖等丰富多彩的民俗活动，在农业生产与节庆中歌唱着生活的乐章，祈愿风调雨顺、国泰民安，生动诠释着人与自然、历史与文化的和谐共生。该系统于2021年被认定为江苏省第一批省级重要农业文化遗产。

1. 自然地理概况

高淳地貌由平原和丘陵岗地组成，以平原为主。全区平原面积291平方千米，占陆地面积51.37%；丘陵岗地面积275.5平方千米，占48.63%。平原有石臼湖、固城湖湖区平原和胥溪河河谷平原。湖区平原位于区境西部固城湖、石臼湖之间，系由水阳江和区内河流夹带的泥沙在石臼湖和固城湖湖盆中淤积而成。湖区平原内河沟纵横，水网密布，地面高程大都在4～7米，处于洪水位之下，均筑堤围圩。高淳区以东坝（今以茅东进水闸）为界，分属水阳江、青弋江和太湖两个水系。东坝以西各水属水阳江、青弋江水系；东坝以东各水属太湖水系。高淳区西部原为固城、丹阳、石臼三湖环抱。气候方面南京市高淳区地处江苏省西南端，属北亚热带南部季风气候区。四季分明，降水丰沛，日照充足，无霜期长。

高淳位于苏南边陲，地处古丹阳大泽（今固城湖属其一部分）和震泽（今太湖）两大水系之间，水阳江流域古水利设施分布在江的东部及北部。过去人们为了增加田地与粮食产量，筑土御水，围湖造田，而耕其中。高淳西部属水网地区，东面有胥河横穿。明代，朝廷对高淳重点投资的大型水利工程为起固水、通航作用而在胥河中所筑的东坝、下坝址，在相国圩亮徒门筑节制水闸，永丰圩筑西陡门水闸以及通向石臼湖的藕丝闸等大型水利工程。其水利工程庞大，计耗银数千万两，为江南水利投资仅有。中华人民共和国成立后，高淳有圩围总面积322.07平方千米，一线堤防长216千米，圩围主要水利建筑配套设施228座，其中大型水利陡门、抽水站、涵闸等196座，圩田近30万亩。圩内自然村120多个，10多万人口。所涉面积之大、数量之多，在全国并不多见。

2. 历史起源

相国圩建于春秋时期。据记载一代名人伍子胥亲自督导开凿胥河，疏浚河道，令水位下降，从此固城湖西岸多了一片肥沃的土地。人们筑堤坝，围垦造田，在此安居乐业。相传，当年因吴丞相有宠于君，吴王就将该圩赐给他，得名相国圩。历经千年风雨的相国圩，比历史上著名的范蠡围长泖、黄歇筑坡塘还早。作为江苏内最古老的圩堤，相国圩抵御了无数次洪水来袭，也因此赢得了"铁相国"的美誉。这无疑归功于相国圩沿岸设计精妙的防洪水利设施，其中位于高淳与安徽宣城接壤的水阳江东南端的水牮系全国罕见。

春秋时筑圩，光绪《高淳县志》中记载，春秋时吴筑固城为濑渚邑，因筑是圩附于城，为吴之沃土。后吴丞相钟有宠于君，因以是圩赐之，故名。明代时相国圩内筑上、中、下三坝以分区控制，并在三官壕段建"九牮八垱"，减轻洪水对圩堤的冲刷。据记载清朝时的规模："相国圩内，田四万八千亩，周四十里。"

1956年开始联圩并圩，1957年完成与仙圩、秦家圩的联圩，1958年又与保胜圩、永丰圩连成一片。自清道光二十九年（1849年）决堤过后至今的一个半多世纪里，历经10余次洪水侵袭均安然无恙。1954年大水冲毁了水阳江流域数百个圩区，而相国圩屹立如山，久负"铁相国"的盛名。

3. 技术体系特征

圩田一般包括圩堤、涵闸、沟渠等设施，沟渠又分干渠、支渠、沟溇，堤上有涵闸，平时闭闸御水，旱时放水入沟溇，引水入田，也可用水车等工具将水灌入或排出，"筑堤、浚河、置闸"是筑圩的3项基本技术要素，"缺一不可"。水阳江流域遍布着支流河道、小溪与湖泊，彼此沟通，组成一个复杂的网络，这个流域的集水区域相当广阔，而且每年夏季及初秋时节都经常下大雨，汛期湖水位常高于圩内地面。由于圩田"内以围田，外以围水。盖低乡支河之水，容受众流，比田反高，若非圩岸以围之，则荡然巨浸，遂不可田。故低乡赖于圩岸，甚于都邑之赖城郭也"，所以"凡营圩田者，莫先于固堤"，即是说圩田的关键在于确保圩岸的坚固。相国圩堤防系统传统上由双重堤坝组成：一是一组长堤，以尽可能地把水阳江、固城湖水遏制在其主河床内；二是大量的环形堤坝，称为"圩"，类似于"围场"或"水闸"。环形堤坝用来保护农田和村庄，使它们免遭那些从主河道两侧穴口分流出来的季节性洪水的侵袭。

这些为防止上游皖南山区洪水直接冲击相国圩而修筑的重要防洪水利设施被称为水牮。民国《高淳县志》中有记载："涂泥坊，抵徽、宣大河之水，为相国圩险要处。本圩业户，于此处甃石为牮挡，以防冲决。"虽然安徽桐城、当涂和南京高淳一带都有水牮遗迹，但安徽的水牮规模相对较小，完整状况也不及高淳水阳江。

高淳区砖墙镇相国圩旁的水阳江水牮可分为两部分，其一为"九牮八挡"，主要作用为加固堤坝，其二为"鳡鱼嘴分水牮"，起到分流洪水的作用。"牮"字在此用作以土石挡水的意思。

这"九牮八挡"，起于水碧桥止于大花滩，共有9个石块建成的水牮和8座泥土堆成的

"挡"，按150～200米不等的间距排列于河流拐弯处，从水碧桥开始数第一座叫头水牮，其后为二水牮、三水牮、四水牮……以此类推，越往后水牮体积逐渐变小。

最大的头水牮外观为圆形，总高度8～10米，平面纵横长16.5米，三面用青石成，木质梅花桩作为地基，每根木头之间距离约为20厘米，中间填入土石、干草等物，地基之上石块铺一层，再用条石拌入石灰糯米汁，用两竖一平的规律砌外围就完成了。至于八挡，由于圩堤逐年增高等因素，早已经被埋没，踪迹难寻。

鳡鱼嘴也是一种特别的分水牮，因其形状与长条形鱼嘴极其相似而得名。相国圩外亮陡门段就有这样一个鲶鱼嘴的遗存。其主要材质同样为青石，全长约71米，高10余米，宽14米，枯水季会露出水面3～4米，内填充土块。特别之处在于形状，面朝上游的一头建成了"V"字形分水尖（像鱼嘴），还加有横向的突出部分。其作用包括减缓水流冲击力和自然分流。上游水流经鲶鱼嘴被分为两股，左边汇入水阳江流走，右侧流入狮树集镇，用作居民通航灌溉之功能。

除了水牮之外，相国圩还有永定陡门、梅盛古涵、码头群等配套设施。始建于明初的梅盛古涵为石筑结构，全长20多米，其进水口底部凿有二道槽口，可根据所需储水量自行选用合适的闸板。古涵于1962年重修后，至今仍在发挥防旱排涝的功效，开闸后可灌溉良田3 000余亩。有学者认为这种蓄泄并筹、排灌兼施的水利系统，以及湖泊滩地围垦方式，甚至可与关中的郑国渠和四川的都江堰相媲美。

4. 高淳乡间民俗文化

高淳村民俗文化源远流长，尤其明清以来，高淳作为富甲一方的江南鱼米之乡，社会安定，文化繁荣，长期积累形成了丰富的民俗文化。

（1）方言：高淳话

相国圩所在的高淳西部圩乡的地方方言是高淳话，属吴语—宣州片—太高小片，高淳话有盛唐遗韵，为国内唯一现存的古吴语方言，和苏州、无锡、常州等地的吴语有着显著的差别。

（2）"出门山歌进门戏"：民间歌舞

高淳不仅是"鱼米之乡"，还是"歌舞之乡"，民歌民舞异彩纷呈。宋绍兴十三年（1143）在高淳境内固城湖滨发现一块汉灵帝光和四年（181）的"校官碑"（现存于南京博物院），碑上记载了当时高淳一带"赋仁义之风""百姓心欢，官不失实，于是远人聆声景附""钟磬悬矣，于胥乐焉"，是一块人心向往、载歌载舞的乐土。

高淳劳动号子和民歌来自田野，在农业生产过程中，高淳先民或泛舟于湖上，或躬耕于水田，劳动过程中即兴演唱，愉悦身心。"龟游莲叶上，鸟入芦花里。少妇棹轻舟，歌声逐流水。"

劳动号子：节奏欢快，一唱众和，既可以缓解体力疲劳，又可以增强劳动的合力，提高干活效率，体现了水乡高淳人民淳朴和勤劳的性格，有打夯号子、车水号子、划船号子、龙船号子等。

民歌：当代创作《五月栽秧》、插秧歌、耘田歌、牧牛歌送春（历称颂春、唱春）每年春节前后，送春艺人手持春锣春鼓走乡串户，唱故事，颂吉语，为人祈福，以示一年吉兆。

高淳乡间的文艺活动丰富多彩，形式多样，诸如玩龙灯、跳狮子、划龙船、跳马灯、打水浒、跳五猖、踩高跷、荡旱船、打莲湘（即打连厢）、挑花篮、跳财神、打锣鼓、跳杨泗、打八怪、叠罗汉、打腰鼓等。

跳五猖：跳五猖是高淳胥河两岸古代村民对西汉张渤开凿长兴荆溪河，引流至广德的功绩崇敬与缅怀而设。如今跳五猖得到进一步光大和延伸，寓意借祭祀神灵之名，祈求来年无旱无涝，农业生产顺利，村民生活幸福安康。

荡旱船：荡旱船又称荡湖船，是高淳非物质文化遗产，高淳地区水网密布，很多村民靠打鱼为生，逢年过节，老百姓往往会表演荡旱船来祈求风调雨顺、出渔平安、国泰民安。传统上的荡湖船是一船二人，穿红着绿的女性扮演渔姑，男性扮演渔翁。

无锡宜兴阳羡贡茶文化系统

无锡宜兴阳羡贡茶文化系统位于江苏南部的宜兴市,是中国茶文化的重要组成部分,拥有悠久的历史和丰富的文化内涵。该系统因其独特的地理环境和气候条件,早在东汉时期便以阳羡茶著称,被朝廷定为贡茶,享有盛誉。阳羡茶以其优良的品质和独特的风味,吸引了众多文人雅士前来品鉴,唐代诗人卢仝的赞誉更是将其推向了巅峰。宜兴的茶树生长在南部丘陵的富硒土壤中,气候温润,四季分明,为优质茶叶的生产提供了得天独厚的条件。阳羡贡茶文化不仅体现在茶的生产与消费中,还深深融入了当地的民俗、艺术和生活中。它承载着宜兴人民的智慧与情感,成为了人与自然和谐共生的象征,展现了江南水乡的文化魅力与人文精神。该系统于2021年被认定为江苏省第一批省级重要农业文化遗产。

1. 自然地理概况

宜兴市,简称宜,古称"荆邑""阳羡",位于江苏南部,太湖西岸。宜兴是中国著名陶都,素有"陶的古都,洞的世界,茶的绿洲,竹的海洋"之称。地处江苏省南端、沪宁杭三角中心,东面太湖水面与苏州太湖水面相连,东南临浙江长兴,西南接安徽广德,西接溧阳,西北毗连金坛,北与武进相傍。滆湖镶嵌宜兴和武进之间,三氿(西氿、团氿、东氿)相伴市区东西两侧。宜兴市有山、有水、有平原,有"三山、二水、五分田"之称。宜兴市地势南高北低。南部为丘陵山区,北部为平原区;东部为太湖渎区,西部为低洼圩区。宜兴市境内河流密布、纵横交叉,灌溉、运输方便。有河道215条,总长1 058千米,总面积19.49万亩。全年温暖湿润。热量条件好,年平均气温15.7℃,夏季最热月平

均气温28.3℃。平均无霜期240多天，作物生长期可达250天左右，年有效积温5 418℃，日照较足，7—8月日照时数最多。农作物一年可二三熟。降水丰沛，全年有雨，年平均雨日136.6天，年平均降水量1 177毫米，春夏雨水集中。

2. 历史起源

宜兴制作红茶的历史，可追溯到东汉，其产区为宜兴、吴县等地，20世纪40年代，宜兴已成为江苏最大的红茶产区。1996年，岭下茶场出了一款苏红名品——"竹海金茗"，在江苏省"陆羽杯"名优茶评比中屡获特等奖，在第二届"中茶杯"名优茶评比中荣获一等奖殊荣。宜兴红茶，也因此走进人们的视野中，渐渐地被世人所关注、所喜爱。

如果说"宜兴红茶"还不那么家喻户晓，那么"阳羡茶"一定不会让人陌生。宜兴地处江南，古称荆溪、阳羡。境内气候温润，雨量充沛，四季分明，南部为丘陵山区，青山逶迤，绿带萦绕，属天目山余脉。山区土壤以黄棕壤、红壤为主，适宜茶树种植。据汉书《桐君录》记载："西阳、武昌、晋陵皆出好茗。"晋陵是常州的别称，而自古以来常州辖区内多产茶的仅有阳羡。由此可以推断，阳羡出产的茶叶在公元220年前的东汉时期就相当有名气了。唐人李栖筠任常州太守时，有山僧进阳羡茶，送给陆羽品后，他称其为"芳香冠世产，推为上品""可供上方"。经过陆羽等人的举荐，阳羡茶以其优良的品质被朝廷定为贡茶。后又有唐代诗人卢仝在《走笔谢孟谏议寄新茶》诗中称："天子须尝阳羡茶，百草不敢先开花。"把阳羡茶的地位推向极致，自此，阳羡贡茶名扬天下。所以，说起阳羡制茶，那便是久负盛名了。

3. 技术体系特征

宜兴红茶，亦是从清代开始制作，通过晒草、脚揉（滚袋）、沃红（发酵）、晒干等加工工序，生产出红条茶，制作红茶的工艺初步形成。20世纪60年代，为了满足市场，国营茶场和集体茶场改进制茶工艺，应用LTP（锤击机）和CTC（滚切机）制茶机具，通过萎凋、揉切、解块、发酵、干燥五道工序成功试制了红碎茶。随着国内"工夫红茶"的兴起，宜兴红茶顺应市场需求，开始进行苏红毛茶的精致加工，制作生产现在的"宜兴工夫红茶"。这一路虽有起伏，却从未断代。

宜兴得天独厚的地理环境，适宜茶树生长，南部山区占全市面积的40%，且土地富硒，茶树品种优良。其次宜兴红茶，只做春茶，茶树的休眠期长，营养物质丰富，叶肉肥厚，芳香物质和维生素含量较高。同时，春茶无病虫害，无须使用农药，茶叶无半点污染。每年的3月底开始采摘，采摘单芽、一芽一叶初展或是半展，至5月底结束。再者，制作工艺精细，经过萎凋、揉捻、发酵、干燥、精制等一系列工序制成。

每采摘一斤鲜叶有6 000～10 000个芽头。摘下的鲜叶及时摊晾萎凋，直至青草气渐渐消失，散发出淡淡的清香，此时的叶质柔软捏成团，嫩茎折而不断，以便在揉捻时保持茶叶的整碎度，从而确保最后形成的干茶条索的完整性。

萎凋好的叶子投入揉捻机中，按照"空揉、轻压、中压、重压"原则交替进行，一方面使茶叶条索紧卷，让最后形成的干茶条索紧结纤秀，另一方面让茶汁充分揉出，叶子局部红变为宜。

接下来，是所有红茶加工工艺中最为关键的一步——发酵。发酵过程中，茶多酚的氧化和红茶色素的形成决定着红茶滋味品质的形成，是"红叶红汤"品质的关键工序。将揉捻好的茶叶置于发酵室或发酵箱内，以叶色呈现出黄红色，并发出浓厚的果香味时为宜。接着将发酵好的茶叶进行干燥，通常分两次进行：毛火高温快速，足火低温长烘。两次烘焙都很重要,由于芽细、毫多,温度稍一高,容易焦,出现俗称的"焦糖香",干茶色泽不润,叶底偏暗;反之亦是一样,干茶的色泽、香味均会受到不同程度的影响。最后将干燥茶叶通过筛分,风选,挑剔,提香,让茶叶含水率控制约5%,待彻底冷却后进行包装封箱。

因此,宜兴红茶有着"外形紧秀显毫、汤色橙红明亮、香气馥郁高爽、滋味鲜醇甘甜、叶底嫩匀红润"的品质特征,上品的宜兴红茶更是高香甜润,汤色橙红透亮金边显,叶底纯净,鲜嫩红匀。常常有外地的茶商到宜兴来收购宜兴红茶,在市场冒充金骏眉进行销售,足见其品质之上乘。

说到冲泡,很多茶在冲泡时讲究水温,讲究出汤时间,水温过高或者稍加闷泡,茶汤又苦又涩。在宜兴,喝宜兴红茶,真的是一种享受。好茶配好壶,紫砂壶独特的双气孔结构,天生就是为茶而生。高温的水,在倒向壶里时,紫砂壶的透气功能有助于水往外散热,而且这个散热功能是持续存在的,不用担心茶汤在壶里会有闷熟的熟汤味,另外,如果是新茶,茶中未退尽的火工味,壶的吸附功能会吸掉一部分;如果是老茶,那么茶的陈味壶就会自动吸收。这也是很多人来宜兴,看见家家户户,就这么抓一把茶叶,扔进壶里,滚烫的开水随手一冲,茶汤依然很甘醇的原因。

4. 宜兴茶文化

宜兴茶已有1 800年历史。《旧唐书》《新唐书》记载,中国最早的贡茶,便诞生于宜兴,史称"阳羡贡茶"。阳羡茶被视茶如命的唐代诗人卢仝誉为:"天子须尝阳羡茶,百草不敢先开花。"白居易饮过宜兴茶,独有领悟地将读诗、品茶营造出新意境:"闲吟工部新来句,渴饮毗陵远到茶。"王安石品尝宜兴茶后,由衷地写下了"故人时记忆,阳羡致新茶"。苏轼在陶醉于宜兴茶的同时,更对宜兴旖旎的山水生出向往之情,遂在宜兴买田种橘。躬耕怡然之余,写下了"雪芽我为求阳羡,乳水君应饷惠山"的佳句。一时间,文人雅士往来宜兴,品茶鉴泉,在宜兴留下了许多脍炙人口的品茶轶事、经典诗篇。此情此景传至朝廷,引起了当朝的关注,遂在宜兴设立了"茶务"之职,监督宜兴茶的生产,以确保贡茶的品质。靖康之变,宋室南渡。王公、士民大量南迁,使宜兴茶迎来了一个鼎盛时期。

在宜兴茶声名日隆的岁月中,诞生于宜兴民间的古朴素雅的紫砂壶冲泡出的茶汤,被人们发现具有其他器皿所没有的奇特功效。这一发现,引起了社会名流、文人雅士的极大兴趣,遂将宜兴紫砂奉为最佳泡茶器皿。从而开启了宜兴茶、紫砂壶珠联璧合的饮茶历史。这期间,各方名士、文人于饮茶把玩紫砂时,生发出许多艺术灵感。其中一些人,参与了紫砂的器型设计、工艺革新,并将诗词绘画、书法雕刻移植到紫砂创作之中,从而使紫砂得以在多种艺术的滋养中日益提升文化品位,使这一诞生于民间的古朴工艺跻身于高雅艺术之列,成为社会名流、文人雅士青睐收藏、爱不释手的艺术品。

沧桑岁月中延绵的宜兴茶，以宁静淡泊的地域气息，润泽醇化着宜兴人的精神气质。在茶韵的浸润中，宜兴人领悟到了生命的启示，形成了如水赋形、顺生而行的人生态度。在生活中，平静地凝视着茶叶翻转于水中，浸透，色变，默然沉于杯底，从中品味出了季节的变换、人世的沉浮。那沉入杯底的茶叶，命如底层众生，虽安于命运的安排，但并未放弃生命的释放。默默交集中，将内心的潜质，以悄然自守的方式释放出来，最终在润物细无声中改变着水的意义。正是这种韧性，让宜兴这方秀美丰盈的地脉人才辈出。

苏州阳澄湖大闸蟹复合系统

苏州阳澄湖大闸蟹复合系统位于苏州市，是以阳澄湖大闸蟹养殖为核心的农业生态系统，这是一种多层次利用的养殖模式，根据大闸蟹、青虾和鱼类不同的生活习性、群落结构，按不同物种具有的不同生活习性构成的分级利用、各取所需的生物群落立体结构，使有限范围内的土地、水体和阳光等环境资源都得到充分而合理的利用，使经济效益、社会效益和生态效益统一，取得良好的综合效益。同时，这也是一个循环利用的养殖模式：水中养虾，水底养蟹，虾蟹残饵、粪便被螺蛳利用，剩余粪便肥水，水的肥力催生单细胞藻类和水草生长，单细胞藻类是青虾饵料，水草和螺蛳可以作为大闸蟹饵料，鱼类可以防止藻类暴发。在该养殖系统中，物质可以沿着食物链分级多层次利用，通过不同食物链的配合完成其循环。大闸蟹是中国饮食文化的重要组成部分，文化底蕴深厚，该系统于2021年被认定为江苏省第一批省级重要农业文化遗产。

1. 自然地理概况

阳澄湖位于东经120°39′~120°51′，北纬31°21′~31°30′，在江苏省苏州市境内，西南离苏州市区约10千米，东距上海市约60千米，北离长江约30千米，是江苏省重要的淡水湖泊之一。阳澄湖周围有巴城湖、傀儡湖、鳗鲡湖，南有青剑湖，西有盛泽荡等与之相邻的5个小型湖泊共同组成了阳澄湖群。

（1）水系水质

阳澄湖是太湖平原上第三大淡水湖，湖中两条天然土埂贯穿南北。阳澄湖湖面分为东、中、西三湖，其中东湖最大。阳澄湖为吞吐性湖泊，上承西部和西北部望虞、常熟等地来水，向东经七浦塘、杨林塘、娄江（浏河）分别入长江，是阳澄淀泖河网调节中心。阳澄湖沿湖大多为低洼圩区，周围分布有盛泽荡、沙湖、巴城湖、傀儡湖、鳗鲡湖等小型湖泊，与阳澄湖一起构成阳澄湖群。阳澄湖水域广阔、碧水如镜、湖光秀丽、风景如画，是一座美丽的生态公园，其中绿地面积33万平方米。

阳澄湖距长江较近，仍是典型的淡水湖泊。其水型为重碳酸盐类钙组二型，属软水型。在苏南8个大中型湖泊中，其湖水化学组成中钙离子含量高居第二位，镁离子含量亦高居第三位，pH值在7.3~8.6，呈微碱性。

（2）气候气温

阳澄湖地处亚热带，气候温和湿润，属季风气候，夏季受热带海洋气团影响，盛行东南风，温和多雨；冬季受北方高压气团控制，盛行偏北风，寒冷干燥。年平均气温为16.0~18.0℃，年降水量1 100~1 150毫米。

阳澄湖的水质非常适合大闸蟹生长，尤其是丰富的钙、镁离子对大闸蟹的蜕壳、壳质的发生、色泽和硬度的形成极为有利。形成了阳澄湖大闸蟹壳薄而又坚韧的特征。

综上所述，阳澄湖大闸蟹在其特殊的地理位置，发达而相对独立的水系，曲折多褶的湖岸，延伸宽阔的岸滩，平坦质硬的湖底，适中的水深、稳定的水位、充沛的水源、舒缓的水流、良好的水质、温和的气候、丰富多样的饵料资源等自然生态环境的长期综合影响下，孕育了青背白肚、黄毛、金爪、体壮的外观特征及橘红色的蟹黄、白玉似的脂膏、洁白细嫩的蟹肉，口感微甜、味道鲜美，色、香、味三极的内在品质。

2. 技术体系特征

（1）蟹苗育种

种质是对河蟹亲本、苗种选育提出的质量要求，选择优质蟹种和解决优良种质资源的保护是大规模河蟹生产的基本要素。蟹苗一般可分为天然蟹苗和人工繁殖蟹苗两种。目前，天然蟹苗逐年减少，几乎绝迹，人工繁育的蟹苗已经成为主体。与往年相比，如今大闸蟹放养方式有很大不同。蟹苗都是本地培育，且规格较大，阳澄湖大闸蟹产量稳步提升。河蟹喜欢在水质清新、水草丰富的江湖岸滩地带隐居或穴居生活，适宜生长在温度15~30℃，pH值7.5~8.5，溶氧量4毫克/升以上的水体中。据苏州阳澄湖大闸蟹行业协会会长胡建国介绍:"每年1.6万亩阳澄湖围网出水1 300吨蟹,远不能满足市场需求。"因此,早在21世纪初,苏州市就积极推动培育本地蟹苗。从2009年起,中国水产科学研究院淡水渔业研究中心就与苏州阳澄湖现代农业产业园合作,在阳澄湖镇创立标准化池塘大闸蟹生态养殖模式。阳澄湖1号即是采用湖泊围网下全过程生态养殖模式培育的河蟹新品种。在育苗培育过程中,通过种植大量水草、高密度安装增氧管,针对池塘水质,实施原位生态修复等一系列措施,养殖成果大大超出预期,正常情况下,大闸蟹(不分公母)平均规格在3两到3两半之间,而阳澄湖1号的平均规格达到了4两。中国水产科学研究院淡水渔业研究中心主任徐跑表示,在池塘养殖试验取得成功后,已经成功把这种模式移到湖泊围网中来,再加上减少放养量、增加水生植物和螺蛳的投放,已实现减量增收、提质增效。目前,相城区拥有当地最大的阳澄湖1号蟹苗培育基地,共计570亩,迄今已销售15万斤。

(2)大闸蟹生境培育

阳澄湖大闸蟹喜食鱼、虾、蚌、螺和稻谷,喜在水质清澈、有阳光水草的水域活动。夏天,蟹喜凉爽,常栖息在浅水黄泥硬土上;冬天,便隐身入洞或在深水底下的水草丛中。而地处长江三角洲的阳澄湖日照充分、湖水清浅,浮游生物充足,水草茂盛,湖边稻谷丰盛,正是大闸蟹生活、栖息、觅食的理想场所,阳澄湖大闸蟹作业区水草培植品种有伊乐藻、轮叶黑藻、金鱼藻和苦草等沉水植物,在蟹池中则需多品种搭配种植,起到取长补短的作用。水草管护是养蟹日常管理的重中之重，以确保河蟹生长期间水草生长茂盛和合理的覆盖率。水草只种不管，不但不能发挥水草在螃蟹养殖生产中的作用，大面积腐败的水草还会污染水质，严重时造成螃蟹死亡。水草培植在阳澄湖大闸蟹养殖中起着关键作用，为养殖提供了得天独厚的生态环境，在其生长过程中既吸收了大量的氮、磷等营养元素，也为河蟹提供了更为适宜、接近于天然状态下的栖息生长环境。而放养的螺通过不断地繁殖、生长，净化了水质，又为河蟹提供了绝佳的动物性饵料，水草、螺蚬、河蟹组成了一个有机全生态食物链。根据多年来大闸蟹水草管理生产实践，大闸蟹养殖前期要种好草，中期要护好草，后期要保好草。

（3）蟹虾鱼生态混养

蟹虾混养：每年1—2月投放蟹苗，6—7月投放虾苗，虾苗长度规格为1.5~2厘米。每亩大约投放1万尾。在蟹、虾混养模式中，主养产品蟹吃饵料，混养的虾以蟹的残饵为食，同时虾还喜食蟹的代谢废物以及养殖塘底的杂质。虾吃蟹的残饵可以节省喂养虾的饵料，吃蟹的代谢物和杂质，可以清理养殖塘，净化水体，形成共生互利的生态模式。

蟹鳜鱼生态混养：每年1—2月放蟹苗，6月至7月初放鳜鱼苗。放入鳜鱼苗的长度规格为3~5厘米，每亩15~20尾。在养殖塘内，通常会有少量的野杂鱼，野杂鱼会抢食蟹的饵料，造成饵料损失。混养的鳜鱼喜欢吃野杂鱼，可减少野杂鱼的数量，同时减少饵料损失，节约饵料投入，这是一种科学的生态养殖模式。

蟹、鲢鱼、鳙鱼生态混养：每年1—2月放蟹苗，同时投放鲢鱼苗或鳙鱼苗，投放的规格是每亩0.25千克。蟹食用饵料和水草后，产生的排泄物会肥水，适合浮游生物生长，影响水质。鲢鱼和鳙鱼以水中的浮游生物为食，能够改善水质，净化水域环境。要特别注意的是，不能将螃蟹与鲤鱼、青鱼、草鱼混养，避免这些鱼与螃蟹争夺饵料和破坏水草。

（4）蟹蔬生态套养

阳澄湖湖区地势低洼，伴有大小河流纵横交叉，水沟渠道星罗棋布，给水生蔬菜的种植、生产创造了良好条件。经过历代栽培实践，农民积累了丰富经验，创造了与外地截然不同，且完全适应于该地区的轮作套种制度。在"水八仙"等蔬菜与湖蟹套养的这种立体生态农业模式中，蟹可食用蔬菜的废弃物、昆虫幼虫等，增加了废物利用率，降低病虫害发生率，提高了蔬菜和湖蟹的品质。大闸蟹的爬行会促进水体和土壤养分的转化与流动，同时蟹的饵料残渣及粪便也为蔬菜的生长提供了营养。

（5）大闸蟹捕捞

确定合适的捕蟹时间是提高养蟹效益的一个关键，既不能过早，也不能过迟。过早会影响河蟹的生长，不利于产量的提高；过迟性成熟后的河蟹会逃跑，造成损失。合适的捕捞时间，应从河蟹来源、放养规格及气温状况等因素综合考虑。捕捞是阳澄湖大闸蟹复合系统最古老的技术，历经千年发展和传承后，创制发明出工具多样、方法多元的生态捕捞技术体系。天然水域捕捞大闸蟹的渔具渔法多种多样，有蟹簖、丝网、牵网、拖网、蟹罾、撒网、蟹钓、地笼、蟹笼等，根据操作方式的不同，亦可分为地笼套捕、设簖拦捕、聚水冲捕、守灯捉捕、阳澄夜捕、掏洞挖捕。

（6）烹食加工技术

秋季是蟹肥流黄的季节，江南人一年一度的收稻捉蟹，持螯赏菊之时，也是一年中最快活的日子。江南人爱吃螃蟹不只因其鲜美，更因为食用螃蟹还有诸多好处。一般认为："蟹，甘碱寒，补骨髓，利肢节，续绝伤，滋肝阴，充胃液，养筋活血。治疽，愈疼，治疗跌打骨折筋断诸伤，解鳝鱼，茛菪，漆毒。"但不宜多吃，且有诸多禁忌，因为史籍载："多食动风发霍乱……不可同橘、枣、荆芥食……未经霜蟹有毒。腹中有虫如小木鳖子而白者不可食。有独螯、独目、四足、六足、两目相向、腹下有毛、壳中有骨、头背有黑点、足斑，目赤者，并有毒，不可食……又有剑蟹之类，并有毒，不可食。"如此可见古人对螃蟹食用研究的深入程度。

正是对食蟹文化的深入研究，江南地区对于烹食加工螃蟹的方法特别多。清代《筵款丰馐依样调鼎新录》中记载了玲珑螃蟹、荔枝螃蟹、鸽蛋爆蟹、清蒸螃蟹、豆腐烩蟹、桂花螃蟹、螃蟹元子、虾油拌蟹、蟹烩菜羹、鸡蛋摊蟹等17种螃蟹做法，并指出"此系大概，随意可烹"，由此可见，螃蟹的加工方法实在是变化多端。《调鼎集》里也有关于螃蟹蒸、炖、煮、炒、拌、烩等各种做法的记载，另外还有许多以蟹肉为原料的点心，如煎蟹饼、蟹糕、蟹肉烧卖、蟹黄饼等。

3. 文化与民俗

阳澄湖历史源远流长，文化积淀深厚，在这块得天独厚又美丽富饶的区域，世世代代的劳动人民在创造物质文明的同时，也创造了灿烂的江南水乡文化，并以独树一帜的大闸蟹文化而闻名全国。当地蟹文化多姿多彩，塑造成的民俗丰富多样，且独具阳澄湖特色。

（1）节庆蟹俗

大闸蟹作为阳澄湖最重要、最独特和最富盛名的产品，早已经超越了水产类的象征，它已全面融入当地人的日常生活，是各种节庆活动中的"明星元素"。

过年吃蟹：过年期间吃螃蟹，寓意甚好。螃蟹的双螯俗称大钳子，谐音"有钱"。煮熟后个个通红，象征"红"运当头。螃蟹是甲壳类，谐音"甲科"，象征科甲及第，孩子考试成绩好。螃蟹披坚执锐而横行，两只蟹螯钳住东西就不放，有"横财大将军"之称，故螃蟹兼有金榜题名和横财就手的双重瑞兆。

元宵节看灯蟹与扎蟹灯：等到正月十五元宵节，此时的螃蟹称为"看灯蟹"。嘉靖《昆山县志》卷一"土产"载："蔚迟蟹，出蔚洲村者，大而肥美。土人藏之，至元宵日鬻于市，俗谓'看灯蟹'。"与之相匹配的，阳澄湖畔自古便有"扎蟹灯"此等特色灯彩工艺。每逢元宵佳节，扎蟹灯艺人便展露各自才华，制成的蟹灯琳琅满目。

三月三上巳蟹：等到上巳节，这时候的螃蟹就很稀奇了，称为"上巳蟹"。上巳节，又称"三月三"，这是古代举行"祓除畔浴"活动中最重要的节日，人们结伴去水边沐浴，称为"祓禊"，此后又增加了祭祀宴饮、曲水流觞、郊外游春等内容。

八月八祭巴王：昆山巴城，以巴王命名的乡镇，当地一直传承着"祭巴王"的习俗，更有民谚："八月八，祭巴王，蟹离阳澄百鲜忘。"大禹治水时期，当地先祖巴解受命治水，因"夹人虫"（大闸蟹）洄游习性，成熟的阳澄湖大闸蟹需向东前往入海口繁衍，巴城成了必经之地，常年受灾，巴解命人以开水烫之，"夹人虫"瞬间变色，且有异香。巴解亲自尝试，做"第一个吃螃蟹"的人，才有了今天"一蟹入席百味淡"的佳肴。每至农历八月初八，四方渔家齐聚阳澄湖边的巴城镇，载歌载舞，纪念"第一个吃螃蟹"的巴解及其"敢为天下先"的精神。

婚嫁蟹礼"蟹八件"：食蟹分"文吃"和"武吃"。所谓的"武吃"吃的是快意，"文吃"吃的是工具。明清时代，文人雅士品蟹乃是文化享受。赏菊吟诗咏蟹时，人人皆备有一套专用工具，苏州当地俗称"蟹八件"。相传，最初发明食蟹餐具的人，是明人漕书。为了吃蟹减少麻烦，吃得方便畅快，他创造了锤、刀、钳三件工具来对付蟹之硬壳，后来逐渐发展到八件。"蟹八件"包括小方桌、腰圆锤、长柄斧、长柄叉、圆头剪、镊子、钎子、小匙，分别有垫、敲、劈、叉、剪、夹、剔、盛等多种功能，造型美观，闪亮光泽，精巧玲珑，使用方便。到了晚清，"蟹八件"又演变成了苏州女的嫁妆。

（2）诗歌蟹赞

阳澄湖风光旖旎，大闸蟹风味独特，历来受到文人雅士、名伶大家的热爱，留下了许多脍炙人口的诗文佳作，成为阳澄湖蟹文化中的宝贵遗产。

酬袭美见寄海蟹

唐·陆龟蒙（苏州人）

药杯应阻蟹螯香，却乞江边采捕郎。
自是扬雄知郭索，且非何胤敢餦餭。
骨清犹似含春霭，沫白还疑带海霜。
强作南朝风雅客，夜来偷醉早梅傍。

（3）传说蟹话

阳澄湖大闸蟹不仅以天下第一美食闻名海内外，长期以来广为流传的许多关于大闸蟹的民间传说故事，同样脍炙人口。

"大闸蟹"由来：大闸蟹学名中华绒螯蟹，至于为何叫"大闸蟹"，民间说法不一。

一说是由"以籪捕蟹"的方法而名。旧时,捕蟹者在湖中,以竹或芦苇筑起一道道小闸,也称"蟹籪",入夜,在闸上挂灯,螃蟹趋光,争先恐后沿闸爬上,捕者守住灯光,信手拈来,一夜一闸能捉几十斤。此法捕捉的蟹,苏州一带的吴方言都称之为"闸蟹",其中能爬上闸(籪)的往往个比较大、壮健,所以在"闸蟹"前加了一个"大"字以示区别,全称"阳澄湖清水大闸蟹"。还有人认为大闸蟹得名于做法。"闸蟹"原本叫"煠蟹","煠"字意为烹调方法,下油锅、下汤煠,都称"煠",吴语中"闸""煠"同音。下汤锅煮一回,吴语音为"闸",因而认为"闸蟹"得名于普通的吃蟹方法,即蟹以清水蒸煮而食。

淮安蒲菜栽培与蒲文化系统

淮安蒲菜栽培与蒲文化系统位于淮安市，是一个以蒲菜栽培为主体、与所处环境长期协同进化所形成的农业生产系统和农业景观，包括种植地的选择、蒲菜定植、田间管理、病虫害防治、采收以及与其直接相关的民俗文化。蒲菜，又称香蒲，作为水生宿根草本植物，具有悠久的栽培历史，早在3000年前便在淮安地区广泛种植。得益于宜人的气候和肥沃的土壤，淮安的蒲菜以其肥嫩清香的假茎和根状茎而闻名，素有"天下第一笋"的美誉，深受消费者喜爱。淮安蒲菜栽培与蒲文化系统在传承与创新中，既保留了传统农业的精髓，又融入了现代生态理念，为推动地方经济发展与文化传承作出了重要贡献。该系统于2021年被认定为江苏省第一批省级重要农业文化遗产。

1. 自然地理概况

江苏淮安市位于江淮平原东部，处于亚热带和暖温带之间，受季风气候影响，四季分明，气候温和，雨量充沛，年日照时数2 136~2 411小时，年平均气温为14.1~14.8℃，年降水量906~1 007毫米，年平均风速在2.9~3.6米/秒，以偏东风为主。淮安是物产丰饶的鱼米之乡，全境平原广袤，土地肥沃，水域宽广，盛产水产、蔬菜等农产品。境内河湖交错，水网纵横，京杭运河、淮沭新河、苏北灌溉总渠、淮河入江水道、古黄河、六塘河、盐河、淮河干流等九条河流在境内纵贯横穿，全国五大淡水湖之一的洪泽湖大部分位于境内，是典型的"平原水乡"。淮安淡水资源丰富，不仅是著名的鱼米之乡，还是水生蔬菜主产区，水生蔬菜种植历史悠久，经验丰富，种质资源也最为齐全。目前，淮安市水生蔬菜生产发展已初见规模，种植面积达到2万公顷。

2. 淮安蒲菜形态特性和营养价值

蒲菜（香蒲）别名蒲草、蒲儿菜，属香蒲科，水生宿根草本植物，我国进行蔬菜栽培已有3 000年的历史，蒲菜尤以古城淮安（今淮安区）西南隅天妃宫所产最为肥美，菜体洁白如玉，食之肥嫩清香，素有"天下第一笋"的美誉。其他主产区还有云南建水、山东济南、河南淮阳等。蒲菜的食用部分一是由叶鞘相互抱合而成的假茎，二是地下根状茎先端的嫩芽，三是食用花茎，这3个部分都洁白柔嫩、清香爽口、可炒食、烩制和做汤，是一种风味别致的特产蔬菜。

淮安蒲菜植株高大，叶片较多，株高200~230厘米，叶片扁平，针形，长150~180厘米，宽0.9~1.0厘米，深绿色，叶长40~50厘米，粗5.5~6.5厘米，叶鞘层层抱合，形成假茎。淮安蒲菜是假茎，假茎入泥深，色白略带淡绿色，内层叶鞘和心叶洁白、清香、脆嫩、品质优良。一般每亩产量300千克。蒲菜营养丰富，据测定，每100克可食部分含蛋白质1.2克，脂肪0.1克，碳水化合物1.5克，粗纤维0.9克，钙53毫克，磷24毫克，铁0.2毫克，胡萝卜素0.01毫克，维生素C 6毫克，具有清热除火、利尿消肿、通便、补血益气、明目、消炎止痛的功效。

蒲菜全身都是宝，蒲叶可作编制蒲包的原料，雄花花粉称为蒲黄，有止血作用，雌花花穗的白茸称为蒲茸，可用来制作枕芯，蒲菜叶色深绿，花序形似蜡烛，也是一种水生观赏植物。

蒲菜性喜高温多湿环境，气温达10℃时开始萌芽，气温在20~30℃时抽生茎，形成新株，可依次抽生2~3次分株，并陆续抽薹开花。当气温下降到10℃以下时生长基本停止，冬季遇霜后地上部分茎叶枯黄，匍匐茎在土中过冬，越冬期间能耐-9℃低温。

3. 技术体系特征

（1）种植地选择

温带季风气候，光照充足，年日照时数大于2 100小时，地势低洼，土层深厚，土地肥沃，质地适中的中壤或重壤褐土为宜，宜选土壤淤泥层深厚在30厘米以上，土壤pH值6～7，有机质含量高达1.5%以上的沼泽或河湖池边滩地。常年水深在30厘米以上，最大水深不超过100厘米，水深便于控制最佳，水下土壤过砂、过黏均不宜选用。

（2）蒲菜定植

春季气温回升，蒲菜萌芽生长后选苗栽植，选择具有所栽品种特性、生长健壮、无病虫害的分株为种苗，要求连根带泥拔起。栽植时按株行距50厘米×50厘米将植株根颈部埋入土深15～20厘米处，使根系全部入土，不致倒伏或漂浮。

（3）田间管理

水层控制：蒲菜要求水层深浅适中，前期保持15～20厘米浅水，以使温度增高。随着植株长大，水层逐渐加深到60～80厘米，最深不宜超过100厘米。水层过浅，假茎可食部分短，水层过深，假茎细长，品质产量均会受到影响。因此，水层的控制是提高蒲菜品质和产量的重要环节。

追肥：一般栽植后1个月左右，追施一次腐熟粪肥，一般每亩施入1 000～1 500千克，先排去水层然后施肥。尽量施用有机肥，少用或不用化肥，以免影响品质。

疏株：蒲菜的分菜力强。蒲株过多，通风透光不好，易造成蒲株瘦长。一般结合采收，间拔密度较大的分株，保持每平方米内10株且分布均匀。

（4）病虫害防治

蒲田常见的虫害，可以使用10%吡虫啉可湿性粉剂1 500倍液喷雾防治，每亩用量10克。

（5）采收

新栽田以适度采收为主，以后每年可全年采收。栽植后2个月，当假茎高30～40厘米时，每隔15天左右采收一次。采收方法有两种，一种是用镰刀从短缩茎上半部割下，另一种是将其与周围的匍匐茎切断后，用手拔出。收后，切取假茎30～40厘米，剥除外层叶鞘，即为白嫩的蒲菜。留种苗应少采收或停止采收。

4. 文化与民俗

明清以来淮人的诗文小说，经常赞美淮安的蒲菜。唐宋人的诗中也曾提到它，但没有把它当作蔬菜，所以未称它为蒲菜，仅称为蒲根。

贾岛《南池》诗云："秋声依树色，月影在蒲根。"范成大《送别》诗云："赖得溪流通尺素，蒲根仍有一双鱼。"戴复古《江滨晓步》诗云："津头晓步落潮痕，行尽蒲根到柳根。"这里写蒲根，仅是为了描写环境而已。淮安文人的诗就不是这样的，纯粹为了歌颂蒲菜。明代的顾达，弘治、正德年间在外地做官，曾作《病中乡思》诗一首，今载于吴山夫的《山阳志遗（卷四）》。诗云："家在新城古刹旁，小桥流水浴斜阳。月明鹤影翻松径，风暖莺声闹草堂。一箸脆思蒲菜嫩，满盘鲜忆鲤鱼香。病多欲去增惭愧，未有涓埃报圣皇。"这首诗中提到了淮安的两样佳肴：蒲菜与鲤鱼。

蒲菜还有一段逸史——它曾被家乡的小说家吴承恩写入名著《西游记》中。该书第八十六回，孙悟空在隐雾山打死艾叶花皮豹子精，救出唐僧以后，难友樵子拜接师徒四众入"柴扉茅舍"，展抹桌凳，奉献几品野菜酬谢。这时，吴承恩用了一段韵文，拟动物化地描述了淮安一带的三十余种野菜。他如数家珍地说过黄花菜、白鼓丁、马齿苋、马兰头、狗脚迹、猫耳朵、剪刀股等以后，复写道："油炒乌英花，菱科甚可夸。蒲根菜并茭儿菜，四般近水实清华。"

淮安洪泽湖渔文化系统

淮安洪泽湖渔文化系统位于淮安市，是一个集当地特色渔文化、渔具渔法以及与其直接相关的传统文化于一体，与所处环境长期协同进化所形成的农业生产系统和农业景观。洪泽湖，作为中国第四大淡水湖，拥有辽阔的水域与丰富的渔业资源，湖内鱼类多达近百种，以鲤鱼、青鱼、草鱼和特产的洪泽湖大闸蟹闻名。洪泽湖地区的特色文化融汇了淮楚与齐鲁文化，形成了独特的地方风俗与口音。居民的服饰、民歌和传统戏剧在不同地域文化的交融中不断演变，展现出多元的艺术形式与丰富的民间文学。洪泽湖渔文化不仅是当地人生活的一部分，更是在淮安人民的精神世界中打下了深深的烙印。该系统于2021年被认定为江苏省第一批省级重要农业文化遗产。

1. 自然地理概况

洪泽湖位于江苏省西部淮河下游，苏北平原中部西侧，淮安、宿迁两市境内，是中国第四大淡水湖。地理位置在北纬33°06′~33°40′，东经118°10′~118°52′，为淮河中下游接合部。原为浅水小湖群，古称富陵湖，两汉以后称破釜塘，隋称洪泽浦，唐代始名洪泽湖。1128年以后，黄河南徙经泗水在淮阴以下夺淮河下游河道入海，淮河失去入海水道，在盱眙以东潴水，原来的小湖扩大为洪泽湖。洪泽湖湖面辽阔，资源丰富，历史悠久，既是淮河流域大型水库、航运枢纽，又是渔业、特产品、禽畜产品的生产基地，素有"日出斗金"的美誉。

洪泽湖作为中国五大淡水湖之一，位于淮河中游、江苏省淮安市洪泽区西部，是"南水北调"工程东线部分的过水通道。在正常水位12.5米时，水面面积为1 597平方千米，平均水深1.9米，最大水深4.5米，容积30.4亿立方米。湖泊长度65千米，平均宽度24.4千米，汛期或大水年份水位可高到15.5米，面积扩大到3 500平方千米。全湖水域由成子湖湾、溧河湖湾、淮河湖湾三大湖湾组成。

上游进入洪泽湖的主要河道有淮河、漴潼河、濉河、安河和维桥河，这些河流大多分布于湖的西部，还有怀洪新河、池河、新汴河、濉河、徐洪河、老汴河、团结河、张福河等，汇水面积为15.8万平方千米，其中淮河流入量占流入总量的70%以上。

洪泽湖，属暖温带黄淮海平原区与北亚热带长江中、下游区的过渡带，因受季风气候的影响，洪泽湖降水量较为丰沛。洪泽湖水质属中—富营养型，年均水温16.3℃，最高水温在9月28℃，最低水温在1月3℃，洪泽湖每年都有不同程度的结冰现象，只有当北方强冷空气过境时，湖面才出现封冻，全湖性封冻一般发生在寒冷的1—2月。

洪泽湖属过水性湖泊，水域面积随水位波动较大。在正常蓄水水位12.5米时，面积达2 069平方千米，容积为31.27亿立方米，是中国第四大淡水湖。当湖水位达到13.5米时，湖区面积为2 231.9平方千米，相应库容52.95亿立方米，此时湖区面积基本与中国第三大淡水湖太湖相当（太湖水域面积为2 388平方千米）。湖水位17米时，防洪库容135亿立方米。最大水深5米，平均水深1.5米。湖底高程一般在10~11米，最低处7.5米左右。湖底高程高出东侧平原4~8米，所以又称为"悬湖"。

洪泽湖水生资源丰富，湖内有鱼类近百种，以螃蟹、鲤、鲫、鳙、青、草、鲢等为主；洪泽湖的螃蟹也是远近驰名的。据文献记载，洪泽湖总生物量达33.7万吨。其中，高等水生植物有2门36科61属81种；洪泽湖累计记录鱼类88种，隶属19科，其中鲤科鱼类48种，占总种数的55%，其次为鳑科种类9种，占10%，再次是鳅科种类7种，占总种数的8%，银鱼科种类4种，占5%，其他科种类数均小于3种。虾5种，蟹2种；浮游植物7门98属，年平均生物量0.23毫克/升；浮游动物32属69种，年平均生物量9.5毫克/升；底栖动物有76种；鸟类194种。水草在浅水域的覆盖率达30%以上。洪泽湖地区蕴藏着丰富的硫酸盐矿物，年生产能力达300万吨以上。此外，洪泽湖的水生植物非常著名。芦苇几乎遍布全湖，繁茂处连船只也难以航行。莲藕、芡实、菱角在历史上即素享盛名，曾有"鸡头菱角半年粮"的说法。

2. 历史起源

洪泽湖区的人类在新石器时代已经开始使用骨镖、渔网等工具进行捕鱼了。1954年，学者发现距今4万～5万年前的泗洪县下草湾人，就已经靠打猎、采集、捕鱼来维持生活，这也是目前为止洪泽湖区所发现最早的原始人类捕鱼活动。1977年秋，下草湾地区发现了不少非海相瓣鳃类化石，表明洪泽湖区在当时新石器时代气候温湿、植物繁茂、动物麇集、鱼类成群。随着历史的演进、社会经济的发展，人类捕鱼技能更加成熟，捕鱼工具愈加先进，洪泽湖区渔业活动越来越频繁。

春秋战国时期，有居民在洪泽湖地区垦殖渔猎；先秦时期，洪泽湖地区出产鱼类丰富，捕鱼是当地居民重要生活来源之一；两汉时期，据文献记载，当时的人普遍嗜鱼，鱼是饮食结构的重要组成部分；汉末三国时期，淮河和黄河中均出产鳣鱼，肉黄肥硕，做成鱼鲊，骨软可啖，甚为时人所重，是《魏武四时食制》中的名贵食品；魏晋南北朝时期，洪泽湖地区出产鳣鱼、鳆鱼等名贵鱼种，人们对鱼的形态肉质、生活习性、产地、加工和食用方式等均有比较全面、成熟的认知；唐宋时期，洪泽湖地区鱼市较多，重要鱼种有淮白鱼和朱衣鲋，淮白鱼已成为当时著名的贡品，宋代杨万里的《初食淮白鱼》有云："淮白须将淮水煮，江南水煮正相违。"鱼产品主要加工方法有干、糟、鲊等；明初，洪泽湖地区设立了8个专为征收渔课的河泊所，占南直隶河泊所总数的12.7%，并建立和完善了一套严密的渔政制度；明清时期，洪泽湖水面不断扩大并最终完全形成，渔业发展有了新突破，周边百姓世代以捕鱼为生，渔业贸易颇为兴盛，有就地交换供当地消费、远销他方等形式，史称"水生茭蒲芡实，洪湖巨浸，芦苇实繁，而尤以渔利为大"。

3. 文化与民俗

（1）文化特色

洪泽湖地区的居民，古称"淮夷"，系古东夷族的一个分支，后来淮夷文化逐渐融合于周围的楚文化中，形成了风格独特、客土兼容的淮楚文化。明清时期，受黄河夺淮的影响，洪泽湖水域面积扩大。所谓"其川淮泗，其浸沂沭，其利蒲鱼"，丰富的渔业资源汇集了众多群众来此以捕鱼为生。饥馑之年，洪泽湖汇集了带有淮河流域特征生活方式和习俗的20余万流民。他们带来的风俗习惯与淮楚文化融会在一起，形成多元特质的洪泽湖地区文化，历史学家翦伯赞曾描述道"洪泽湖地区堪称'浓缩着中华民族半部文化史'"。洪泽湖的渔文化和生活习俗与我国其他淡水湖相比有着许多不同的特征，崇尚传统、吸收创新、天南海北、包容并蓄。

（2）渔具渔法

洪泽湖地区自古以来宜农宜渔，人们为更好地利用洪泽湖出产的水产品和绿植，不断改进渔具渔法和农耕器具，练就了传统的手工技艺。洪泽湖边的盱眙县范家岗出土了新石器时期的独木舟。因水浅和开花浪的自然条件，洪泽湖船舶跟其他湖泊船舶在外形和部件设置特点上有差异，其"方头平底"，船底浅而宽、吃水浅，船行平稳、能抗风浪。洪泽湖曾有渔具16类61种之多，在我国非物质文化遗产中具有典型性和代表性。为更好利用湖区丰盛出产的芦、柳、竹、蒲等绿植，柳编、竹编、芦编、蒲草编织等传统工艺应运而生。

（3）传统文化

口音：洪泽湖地区在相互融合过程中形成了独特的口音和服饰。这里的原始村民以淮夷为主，后来的渔民大多来自山东省、安徽省、河南省等地，后淮夷方言逐步演变，形成了偏向北方话"侉"音的方言。

服饰：由于受到山东省、安徽省、河南省等地服饰习惯的影响，洪泽湖渔民的服饰多为上衣对襟下身免裆裤，色调以黑、蓝、白三色为主，俗称"畚子棉袄两面蓝""渔毛子穿衣一身黑"，具有山东省、河南省典型的服饰特点。

渔歌渔鼓：来自不同地区的渔民将具有淮河流域特征的文艺形式

带到洪泽湖地区，在民歌小调和传统戏剧的基础上，兼收并蓄发展出了奇特的渔歌渔鼓，形成了别具特色的洪泽湖地区文艺形式。当地民歌格外丰富，既有南腔北调，又有正宗的黄梅戏、河南梆子、山东吕剧、江苏淮剧、杨柳青等民间传统戏剧唱法，其中国家级非物质文化遗产《洪泽湖渔鼓舞》、省级非物质文化遗产《岔河高跷》《高渡花船》等是流传至今、久演不衰的群众性表演节目。

美食：洪泽湖湖鲜为名闻天下的淮扬菜提供了食材原料，"湖水煮湖鱼"成就了当地的珍馐美味，奠定了淮安入选"世界美食之都"的基础。洪泽湖大闸蟹、蒋坝酸汤鱼圆、朱坝"活鱼锅贴"、盱眙十三香龙虾、洪泽湖河蚬以及与太湖"三白"同宗同源的白鱼、白虾和银鱼等一大批美味珍馐名扬四海。

礼俗文化：洪泽湖渔民的人生礼俗浸透着淮楚和齐鲁文化的元素。此外历史上洪泽湖地区频繁遭受洪涝灾害，民间信仰大多反映出敬水畏水的心态，拜谒河神就表达了祈求河神安澜洪水的愿望。岁时节令，从正月初一到十五，每日都有传统习俗并传承至今。

其他非物质文化遗产：洪泽湖渔业非物质文化遗产还包括民间文学、诗词歌赋、民间音乐、民间舞蹈、传统手工技艺、杂技与竞技、传统医药、曲艺、民俗风情、剪纸等多个方面，现有代表性传承人近千人。

神话传说：美丽传说给洪泽湖增添了神秘的传奇色彩。与洪涝灾害作斗争的过程中，人们期盼有一种神圣的力量，帮助他们摆脱洪涝灾害，继而演绎出许多与洪泽湖有关、带有传奇色彩的神话故事，《九牛二虎一只鸡传说》《九龙湾传说》《龟山传说》等就是其中的典型代表。

此外，洪泽湖还流传着大禹抗洪驻扎龟山岛、三过家门而不入，老子在老子山炼丹普渡众生、播撒道家文化，姜太公垂钓淮水、运筹济世良策，岳飞、梁红玉、穆桂英驻扎洪泽湖抗击外敌入侵等一大批生动故事，极大地丰富了洪泽湖渔文化。

泰州泰兴长江圩田系统

泰州泰兴长江圩田系统位于泰兴市，是伴随泰兴成陆、泰兴人民治水开荒，在农田水利、农耕习俗、民居格局和农业地貌等方面逐步形成的一个完整体系。一般的圩田形如棋盘，田方地整。而虹桥西临长江，由于长江潮水涨落，江边水网沟渠一般呈环状或弧形，而堤坝是围绕水网沟渠一圈一圈筑成的，后来为方便生产生活，农民在圩上高处建房，路沿水而布，房依水而建，逐渐演变成虹桥镇民居的一大特色，没有固定的房屋朝向，房前屋后，开门见水，形成圩上居、圩下田的独特风貌，从高空鸟瞰状如水上涟漪，形成了虹桥镇特有的环状圩田肌理，极具乡土特色，是全国范围内罕见、人为干预的滨江型农业文化遗产，具有很高的科研价值、文化价值、旅游价值。该系统于2021年被认定为江苏省第一批省级重要农业文化遗产。

1. 自然地理概况

泰兴市位于江苏省中部、长江下游北岸，北纬31°58′12″~32°23′05″，东经119°54′05″~120°21′56″。东接如皋市，南接靖江市，西濒长江，与扬中市、常州市武进区隔江相望，北邻泰州市姜堰区，东北与海安市接壤，西北与泰州市高港区毗连。东西最大直线距离为47千米，南北最大直线距离为43.5千米。泰兴市地处长江下游北岸，属长江三角洲冲积平原，以通南高沙土地区为主，西部局部地区属于沿江平原。地势东北高、西南低，由东北向西南渐次倾斜。按地貌特征，泰兴市可分为高沙土地区、沿靖圩田地区，沿江水田地区。

泰兴市属北亚热带海洋性季风气候区，兼受西风带和副热带以及热带气候的共同影响，温和湿润，四季分明，酷暑严寒不长，雨量充沛，日光充足，霜期较短，有利于农业生产。年平均气温14.90℃，年均降水量1 031.8毫米，年均降水日137天，年均日照约2 125小时，年均太阳辐射总量为6 320.6兆焦/平方米，积雪期7天，无霜期220天。

泰兴市水域面积216.58平方千米（含江域面积42.88平方千米），主要河流港口有如泰运河（泰兴境内总长44.33千米）、古马干河、羌溪河、季黄河、靖泰界河、宣堡港、焦土港、增产港、西姜黄河、东姜黄河等。

2. 农业技术与景观体系

泰兴长江圩田大多由一面"皇岸"、三面港岸或四面港岸围成，区内田与河相通、沟与河相连，形成了一个个相对独立的完整水系，圩内的沟都通过"水洞"与圩外的港相通，以引水灌溉或雨后排水。"水洞"的进出口都有闸门或洞盖，帮助人们利用长江潮汐，涨潮时引水灌溉，退潮时排水，这样就形成了"自流灌溉"。沟、河、"水洞"的开掘、疏浚、贯通、顺畅，使之成为一个可持续发展的自流灌溉的农田水利技术体系，在蓄淡、排碱方面起到了相当大的作用，是泰兴世代农人的辛劳和智慧。另外，泰兴地区的劳动人民通过罱河泥，不但能清理河道，也能将河泥做有机肥料肥田；遵循自然规律，严守休渔制度，保持生物多样性。

泰兴位于长江沿岸，历史上人口增长带来的巨大粮食消耗只能通过增加耕地的方式来解决。泰兴境内没有山地和无主荒地可供开垦，利用长江潮涨起落所携带的泥沙淤积围垦土地成为耕地的重要来源。泰兴长江圩田土壤多为沙性黏土，含有多种微量元素，能够给作物提供丰富的养分。加上圩田通风好，光照足，造就了所产作物品质好、产量高的特别优势。自古以来，泰兴先民圩上种蔬菜，沟里养鱼虾，立体开发的农业模式加上根据不同季节作物，时间上合理安排，也充分体现了传统农业中蕴含的生产智慧。

近年来，泰兴借鉴"大垄双行、早放精养、种养结合"的立体生态种养新技术，以水稻、河蟹、青虾等为主导产品，形成"一地两用、一水两养、一季三收"的稻虾共生、稻蟹共生、稻鱼共生的高效立体生态种养模式。稻蟹共生效益高，约是常规水稻生产效益的6倍，是遗产地结构调整、发家致富的有效途径。稻鱼共生模式多、投入少、效益高，特别是稻鳖轮作既能为鳖提供良好的摄食、晒背场所，使其生长发育快；同时鳖又可疏松土壤，吃掉部分害虫，且其代谢物可作为水稻生长的优质肥料。复合种养模式既能节约土地资源，又能提高稻田的经济效益，还符合"两品一标"可持续发展原则和生产要求，一举多得。综上，泰兴长江圩田系统内部通过种养结合，稻田病虫害、杂草明显减少，生产过程中减少了化肥、农药的使用，不仅降低了生产成本，而且产品的品质和安全性均得到了显著提高。

虹桥圩田独特的沙性黏土，土层深厚，土壤含有丰富矿物质，使生产的稻麦无论是品质还是产量，都是普通大田种植不可比拟的。稻虾共生、稻蟹共生、稻鱼共生等复合农业生产模式的推广，不需施肥、不用治虫，产出的江水稻、江沙蟹、青虾远近驰名。圩田作为次生湿地，水陆边缘效应明显，有马兰、枸杞、茭白、芦柴、野蒿子、蟛蜞、水杉等多种动植物，具有丰富的生物多样性。

长江（虹桥）圩田作为长江下游成陆最小的"儿子"，最早有文献记载可追溯到明永乐二年（1404）十一月，传承600余年，此处圩田规制保存最为完整、特征最为明显、遗存历史典故最为丰富。从高空鸟瞰状如水上涟漪，形成了虹桥特有的环状圩田肌理，极具乡土特色。河堤两边整齐排列着被一个个村落所分列出来的一方方整齐的农田，那一片葱绿的是小麦田，那一片黄波碧浪的是油菜花田，那一片略带黄色的是已趋成熟的大麦田，还有村前村后、河旁舍前粉红的桃花、洁白的梨花映在那翠竹园中，这就是虹桥村落的"七彩"春天。

3. 文化与民俗

　　泰兴处于吴越文化最北端,吴楚之韵江淮之风氤氲交融,涵养成雄秀并蓄的胸襟和气度。在安土重迁的古代,大规模南迁移民历经千里流徙开阔了他们的眼界,艰难困苦淬炼了他们的意志,生产实践又激发了他们的智慧,薪火相传,为后人留下艰苦奋斗、披荆斩棘、敢闯敢拼的精神财富。这里也是"全国渡江支前特等功臣"丁广田故居,新四军苏浙军区北撤渡江死难烈士忠骨原葬遗址所在地,诞生了特级战斗英雄杨根思、全国道德模范刘绍安,也留下了"小延安""清水潭""花子圩"等历史文化典故。

　　圩田人家依江而居、靠水吃水、就地取材。平日,一日三餐以米面为主。劳作之余,人们脱了鞋袜,下到河里,摸上些许狗头歪子、螺子、虾子,焯水洗净烧开,芡上少许面粉,再加几根韭菜,便做成了天下一绝的三鲜汤。婚丧喜庆,则以圩上自产的猪、鱼、鸡、鸭、鹅红烧,再配时令蔬菜,"八大碗"为标配,既古老传统,又朴素实惠。河豚剧毒,常人不敢食之,但胆大心细的虹桥人"拼死吃河豚",他们做的河豚烧秧草肥而不腻、鲜美无比。境内自古形成以四季鱼鲜为代表的特色佳肴,孕育了闻名大江南北的饮食文化。

扬州宝应传统莲作文化系统

扬州宝应传统莲作文化系统位于扬州市宝应县,是一个以莲藕种植为主体、与所处环境长期协同进化所形成的农业生产系统和农业景观,包括种品种的选择、栽培管理技术、水分及土壤管理技术,以及与其直接相关的宝应荷文化。宝应素有"莲乡"之美誉,悠久的莲作历史与丰富的文化底蕴交织在一起,形成了独具特色的莲作文化。这里的莲花不仅是自然的馈赠,更是人们智慧与勤劳的结晶,象征着纯洁与美好,承载着深厚的地域情感。在这片沃土,莲花的种植与水乡的生活息息相关,传统的莲作技艺代代相传,形成了独特的栽培方法和精细的管理经验。宝应的莲作文化不仅体现在莲花的种植与采摘上,更融入了当地的饮食、艺术和民俗。该系统于2021年被认定为江苏省第一批省级重要农业文化遗产。

1. 自然地理概况

宝应县,闻名全国的荷藕之乡,位于江苏省中部,淮河下游,里下河地区西部,扬州市北缘，介于北纬33°02′46″～33°24′55″，东经119°07′43″～119°42′51″。东与建湖县、兴化市、盐城市盐都区交界；南与高邮市接壤；西与金湖县、洪泽区相连；北与淮安市淮安区毗邻。县城略呈梨形，射阳湖、广洋湖环其东，宝应湖、白马湖绕其西，京杭大运河纵贯南北。最北缘自西安丰镇崔渡村至南端夏集镇三洋河村，直线距离47.4千米，东端自广洋湖镇团头荡至西界山阳镇顺河村西白马湖中，直线距离约55.7千米。总面积1 467平方千米。其中，陆地面积979平方千米，占66.7%，水域面积488平方千米，占33.3%。

宝应县属里下河浅洼平原区，古地貌原为大型湖盆洼地在第四纪时，洼地经由江、河、海合力堆积，经历海湾、潟湖、湖沼、水网、平原的演化过程，形成多湖荡沼泽的地貌特征。受地质构造运动和黄泛影响，地形呈西高东低。以京杭大运河为界分为运河西、运河东两部分，地面高程分别为4.8～8.8米和0.5～5.6米。

宝应县属北亚热带湿润季风性气候区，四季分明，日照充足，雨量充沛。春季多东南风，夏季多为从海洋吹来的东南到南风，秋季多东北风，冬季盛行干冷的东北风。年平均气温14.4℃，年平均降水量1 000毫米。

宝应县地处苏中、苏北之间，淮河下游，里下河地区西部，境内以里运河（京杭大运河淮安至江都段）为界，分为运东、运西两部分，运东属里下河腹部地区射阳湖水系，运西属高宝湖区水系，里运河、新潼河为主要过境河流。

宝应县面积较大的湖荡有7个：白马湖、宝应湖、氾光湖、射阳湖、广洋湖、和平荡、绿草荡；主要河流16条，分别是里运河宝应段、新潼河、大溪河、宝射河、宝应大河、朱马河、芦汇河、老潼河、宝曹河、涧沟河、大官河、芦东河、营沙河、大三王河、山阳东西大沟、运西中心排河等；另外有主要支排河27条，河渠密度平均每平方千米8.6公顷。

宝应县地处里下河腹地，千年古运河穿境而过，宝应荷藕生产环境、气候、土壤皆处于南北交替之间，物产十分富饶，人称"鱼米之乡"。境内河湖密布，水质达到和超过国家Ⅲ类标准。宝应县长期以来形成了独有的碟形洼地，也就形成了独特的土壤——蕨渣土，而这种地形又形成了丰富的水体资源，水质独特，品质优良。同时，宝应的日照充分，年平均降水量1 000毫米，在荷藕生产期内达740毫米，这些独特的地形、土壤、气候和水体形成了宝应荷藕独特的品质。

宝应荷藕以红莲为主，据历史记载，唐代鉴真大师东渡时，将扬州红莲携带到日本，亲手栽植在奈良唐招提寺，播下了中日友谊的种子。悠久的种植历史使宝应形成了以顶尖"红芽"为特征的三大独特品种，号称宝应"美人红""大紫红""小暗红"（小雁红）三大红莲为当家品种。"美人红"藕香色白，"大紫红"个大孔宽，"小暗红"粉足生淀。荷藕生长：一般于每年4月下旬下藕秧，6—7月为花莲期，始采莲，7月下旬至翌年4月上旬为采藕期。不同季节采收的藕品质风味不一，花香藕清甜爽脆，嫩如鸭梨；中秋藕上市藕始有粉，宜制作各类藕菜。

荷藕因其营养丰富、脆甜爽口，越来越深受海内外人士的青睐。荷藕的主体——莲藕含有多种营养成分，既可生食，也可做菜。嫩藕生食，清凉解暑；老藕蒸食，补中益气。除此之外，荷花有益色驻颜、养心安神之功能，荷叶则可清热解暑，莲子更是保健佳品，荷蒂、荷梗、藕节也都具有较高的药用价值，可以说"荷藕全身都是宝"。宝应是名副其实的中国荷藕第一县，其荷藕产量、加工量、出口量均冠绝全国。宝应藕农通过历代摸索，掌握了藕薄轮作、立体种植、多熟栽培、育苗诊断、合理用肥、科学田管等种植诀窍。至目前，县内种植荷藕达10多万亩。随着市场经济的大潮，宝应县荷藕的贸工农、产加销一体化步伐逐步加快。

2. 农业技术特征

宝应荷藕（宝应莲藕）应具备以下主要质量技术要求条件。

品种：美人红、大紫红、小雁红。

栽培：在谷雨前后，水下温度大于12℃时开始整田栽植。每亩用量600~700株，合理密植。使用人畜熟粪肥或有机专用肥。每5~7年轮休换茬1次。

水：发芽期保持5~10厘米浅水，立叶生长期随立叶生长逐渐加深至20~50厘米，结藕期应降至10~15厘米，越冬期保持5厘米浅水或土壤湿润越冬。

土壤：土层深30~40厘米，土壤肥沃，保水力强，含有机质达2.5%~4%，土壤pH值为6.5左右。

质量特色：宝应荷藕（宝应莲藕）鲜明特征是红色顶芽，藕皮米白色，藕肉亮白色，藕香浓郁，清甜爽脆。花香藕水分≥82%，淀粉≤8.0%；中秋藕水分≥80%，淀粉≤9.0%；红锈藕水分≥78%，淀粉≤10.0%；白锈藕水分≥78%，淀粉≤12.0%。

3. 宝应荷文化

（1）形成历史

宝应地区古为东海，由于江淮泥沙的逐年淤积，至秦汉以来逐步发育为古潟湖沼泽平原。中华人民共和国成立以前全县有几十个湖荡星罗棋布，加之气候温和，雨量充沛，土沃泥肥，自古以来就是种植荷藕的天然佳地。宝应植藕早在唐朝已见于文字记载，唐代诗人储嗣宗《宿范水》一诗云:"行人倦游宦,秋草宿湖边。露湿芙蓉渡,月明渔网船。寒机深竹里,远浪到门前。何处思乡甚?歌声闻采莲。"可以想象出当时莲叶接天,芙蓉映日,姑娘们一面采莲,一面唱歌的秀美的水乡风光。

至明代荷藕已成为宝应大宗生产的土特产品,《宝应县志》(万历)列"宝应十景"中有"西荡荷香"。清代《宝应县志》(康熙)列"宝应十二景"中有"莲叶接天",植荷盛况可知。明清时期的宝应画家如陶成、刁锐、陈务人等都喜欢画荷花。宝应诗人咏及荷花的诗词更不胜枚举,如乔莱诗"莼丝绕翠频留棹,荷盖分青远送人",乔大鸿诗"十里尽荷蒲,迷漫失溪口",陈钰诗"沦涟水照白菡萏,萧疏苇立红蜻蜓",朱雯"霜稻几畦镰似月,风荷一片藕如船",王孙晋诗"赤脚捕鱼何处郎,素手卖藕谁家女",等等,这些诗句都散发着荷藕之乡的一片清香。

(2) 荷乡风光

传说很久以前,玉皇大帝和王母娘娘来瑶池散步,拨开云层,遥望人间,只见宝应东荡方圆百里,万顷碧波,水光连天,好一派湖荡风光,恰似人间仙境,但缺少花卉点缀,便命荷花仙子捧出一把瑶池莲子,撒向宝应的金湖银荡。从此,这里莲叶田田,荷花盛开,一片清香,宛如天上的瑶池仙境。

20世纪50年代,八一电影制片厂在这人间仙境拍摄了电影《柳堡的故事》,风靡国内外数十年,一曲《九九艳阳天》也传唱了几代人。1984年,上海电影制片厂又来宝应县獐狮荡拍摄了神话故事片《八仙的传说》,从此,这里便被人们称为何仙姑的家乡。90年代,宝应将荷花定为县花,并逐步形成以水泗荷园和荷仙生态园为中心的旅游观光景点,并纳入运河旅游风光带。

(3) 宝应文萃

宝应是一个物华天宝、人杰地灵的文明古县,秦建东阳县、汉为平安县、射阳"九里一千墩"是汉文明的象征,隋称安宜县,唐改宝应县。宋代文天祥留下军师庙。元代马可·波罗将宝应写入了他的游记,明代泰山殿号称"天下第一名山",清代又出了状元王式丹、榜眼季愈、探花朱士彦"三鼎甲",水巷口3号是周恩来少年读书处。历史名人有"建安七子"之一的大诗人陈琳,明代大画家陶成、京剧鼻祖高朗亭、经学大师刘宝楠等。乾隆皇帝六下江南,五次在宝应停舟策马,题匾赋诗,这里是吴风汉韵的交汇处,淮扬文化的融合区,民风淳朴,尤具水乡情韵。

当代宝应人不但爱荷、赏荷,而且对荷文化也颇有研究。宝应县政协文史委员会原副主任、县文联原副主席刘世昌同志,在中国荷花研究中心的支持下,早在1992年就出版了近20万字的《中国荷文化》一书。1994年10月,刘世昌的论文《孙中山、郭沫若与"中日友谊莲"》又获"中国现代史优秀研究成果奖",为此他还获得了《中国当代艺术界名人荣誉状》。2004年他又为宝应县质监局编写了《荷之舞》画册,作为荷藕节礼品书。

盐城大丰滩涂农业系统

盐城大丰滩涂农业系统位于盐城市，坐落在辽阔的滩涂之上，宛如一颗璀璨的明珠，闪耀在中国东部沿海的沃土之中。这里独特的地理环境与丰富的自然资源交相辉映，孕育出一片充满生机的农业天地。作为中国最大的滩涂农业区之一，大丰滩涂以其广袤的湿地和丰富的水资源，谱写了一曲人与自然和谐共生的赞歌。大丰先民煮海为盐，垦殖滩涂，渔樵耕读，经过千百年的发展演变，传承至今的丰富的耐盐碱农业物种资源，东方井田制与西方水利工程完美融合的农田水利工程，蓄淡与绿肥结合的盐碱地改良技术，间作套种和立体养殖的种养殖技术，潮间带—围垦区—农田完整的物种演化链，规整的农田水网景观，以及深厚的盐垦文化和传统习俗，构成了大丰滩涂农业系统的核心保护要素。该系统于2021年被认定为江苏省第一批省级重要农业文化遗产。

1. 自然地理概况

大丰沿海滩涂土壤，主要是黄河所带来的泥沙，经过海水长期冲积而成，属滨海盐渍土类。土壤质地中南部较轻，多细砂壤土和粉砂壤土，北部则为壤土及黏壤土。滩涂区在温湿多雨的条件下，表土盐分因雨水淋洗而逐渐减少，使耐盐微生物易于活动繁殖，因而耐盐性强的植物开始生长。从地理趋势来说，土壤盐渍程度因距离海水远近而有不同，大体讲来，由西向东，接近范公堤的区域大致为脱盐的盐渍土，过此以东，则依次为轻度盐渍的盐土、中度盐渍的盐土和深度盐渍的盐土，和滩涂地区地形一致，即彼此大体都作南北平行的带状分布。而从滩涂垦区南北来看，以射阳河为界，河南与河北的土壤盐渍化程度是不一样的。射阳河以北气候较干，成土母质较黏重，排水情况较差，因此土壤盐渍化程度较之射阳河以南的地区要重。随着新涨陆地的不断涌现，海岸线不断向东推进，土壤也就逐渐脱离海水影响，并且在自然降雨淋洗的作用下，表土含盐量也逐渐减少，耐盐植物也就开始在这里生长。

大丰地区气候条件较好，为亚热带海洋季风气候，四季分明，气候温暖而湿润。日照、温度和降水是3项主要气候资源，也是各种生物赖以生存和生长的3项必需条件。据统计，大丰地区的日照年总量可达2 235小时以上，而年平均气温在14.3～15.1℃，月平均气温最高是在7—8月，温度可达27.5℃。从滩涂区降雨情况来看，南部和北部是不一样的，射阳河以南，年平均降水量在1 000毫米左右，射阳河以北，年平均降水量在900毫米左右。从降水量分配时期上看，夏季降水充沛，降水量在550毫米左右，夏季在年降水量的40%以上，最大比例接近60%。而冬季降水量少，在70～100毫米，占年降水量的10%左右。7—9月，沿海区域有时受我国东南沿海登陆台风影响，会造成严重的自然灾害。大丰沿海滩涂区土地资源相对丰富，气候条件适宜，虽有台风这种自然灾害，但频率不高，土壤性能良好，地势平坦。这些条件基本满足了农业生产的需求，对农业生产具有直接影响，所以民国时期以张謇为首的民族实业家在大丰沿海滩涂地区进行大规模的农业开发具有一定的科学依据。

2. 农业产业与生态农业景观

（1）特色盐土农业

遗产地粮食生产以小麦、水稻、玉米和大麦为主，其中小麦面积78 022亩，水稻面积60 284亩，玉米面积45 339亩，总面积185 457亩；经济作物主要以大蒜、贝母和冬瓜为主，其中大蒜15 864亩，贝母7 482亩，冬瓜3 120亩，总种植面积26 466亩。20世纪曾大面

积种植棉花，解放后蚕桑业一度发达。水果主要有甜瓜和西瓜等；肉鸡和生猪是当地畜禽养殖的主要物种，其中肉鸡养殖5 359 400只，生猪养殖156 515头；淡水和海水养殖面积64 323亩。

（2）生态农业景观

农田—林网—水网—村落交织：遗产地农田集中连片，林网纵横交织，水网层次分明，乡村淳朴自然。在广阔的淤积平原上，遗产地农田在开垦的过程中由水渠分割，由田埂和道路连接，道路两旁种植绿化植被，逐渐形成了林网，环绕在农田周围，形成一道有力的农田屏障，不仅起到防风作用，也形成了纵横交织的林网景观。集中于沟渠、河道、交通要道旁的民居，以所临的道路、河道等为村落轴线，同时也作为村落的界限，村落沿着界限进行扩展，形成了条带状的乡村聚落景观。水网将土地分割，条带状的乡村聚落散落在农田中，田间的道路、林网四通八达，将斑块的农田连接，形成了农田—林网—水网—村落交织的景观空间结构。

海域—潮间带—围垦地—农田依次分布：遗产地海岸自然淤涨的成陆过程，形成了从东至西的海域—潮间带—围垦地—农田依次分布的景观格局。从滨海到陆地的转化过程中景观斑块数量增多，斑块形状更加简单、规则，分维数下降，破碎化程度升高，景观多样性降低，景观优势度上升。由开始的海域到滩涂淤场，逐渐转变为规整农田斑块，这种自然向人工过渡的景观格局，在遗产地内形成了不同时期景观格局的同期呈现，活态展示了盐碱地改良、保护与利用成效，以及相应景观的动态变化过程。遗产地潮间带植被主要由高20厘米左右的碱蓬和1.5米左右的米草组成。碱蓬在当地称黄须菜，一般生长在近海滩涂，因为它耐涝、耐碱，刚好适应遗产地这种盐碱化的土壤特征，从而也让土壤盐碱化得以改善。因为碱蓬开红花、结红果，通体红色，每到夏秋时节，红彤彤的黄须菜给湿地披上了艳丽的红装，极目远望，像火海、似朝霞，分外迷人。米草随海风飞舞，由绿到黄的季节变化让潮汐潮涨的滩涂变化莫测，犹如犹抱琵琶半遮面的仙女，惹人倾心。植被成熟后的种子则是濒危物种白鹭、黑嘴鸥等鸟类的主要食物之一，孕育着大量的生物，为数百万计水禽的顺利迁徙提供了保障。

（3）盐垦技艺和生产组织

以滩涂资源为核心的水土资源利用

海盐生产：煮海是一种古老的利用海水提炼海盐的方法。大丰位于苏北滨海冲积平原中段，西接里下河地区，东临黄海，发展盐业生产具有得天独厚的有利条件。滩涂上芦苇资源丰富，人们用芦苇作为燃料，用大锅取盐碱土，熬制海盐，煮盐业因此兴盛，在漫长的历史时期内成为大丰社会经济发展的支柱产业。不同的历史时期，海盐生产方式和生产工艺各不相同，遗产地先后经历了草煎盐业、板晒盐业和滩晒盐业3个发展阶段，并为后人留下众多海盐生产相关技术。

滩涂围垦：遗产地在沿海滩涂涨落潮位差大的地段筑堤拦海，防止潮汐浸渍并将堤内海水排出，通过围垦造成土地，用于农业生产。在滩涂围垦区内开挖河道，并于入海口修建闸口，防止海潮沿河倒灌，便于排除雨季渍涝和新围垦土地中的大量盐分。同时兴修灌

溉引水渠系，建立相应的排水系统引淡排咸，在围垦区内侧应开挖截渗沟，以防止海水对垦区继续补给盐分。或在田间开挖毛排沟，形成条田并在条田上平地筑堰，利用降雨蓄淡淋盐，经过一个雨季，1米土层脱盐率可达10%～30%。围垦区的滩涂可直接种稻，如能做到事先整地翻耕、泡田洗盐，生育期灌水得当、管理及时，当年即可获得高产量。1米土层的含盐量可减少50%～80%。围垦初期，因表土含盐量高应及时换水，以保证水稻正常生长。也可先选种耐盐作物或一定比例的绿肥以改良土壤。围垦后通常对滩涂进行综合开发利用，宜农则农，宜渔则渔，宜盐则盐，并营建防护林以改善滩涂生态环境。

以煮海晒海为代表的海盐生产技术

煮海为盐：淋卤煎盐是遗产地明末清初之前最具代表性的煮海为盐方法。制盐时，先用水冲淋海水，溶解盐分形成卤水，即制卤；然后将卤水置于敞口容器中，加热蒸发水分，取得盐粒，即煎盐。制卤根据方法不同又分为刺土制卤和晒灰制卤，其中刺土制卤包括摊泥、刮泥、抄泥、集泥、作溜、淋卤6道工序，晒灰制卤包括制灰、晒灰、撒灰、打灰、收灰、淋卤、试卤7道工序。

晒海成盐：晒盐是在淋卤煎盐基础上的拓展。利用阳光、风力等自然资源晒盐，是海盐生产工艺的一次重大变革。到了清末，泥池滩晒逐步成为晒盐方式的主流，极大地提高了生产效率，成为我国近现代最普遍的制盐方式。晒盐工艺包括引潮灌溉、耙晒咸泥、刮泥淋卤、板晒成盐、出泥暴晒5道工序。

以区匡排条为核心的农田水利技术

农田建设：遗产地垦殖建立在滨海荒滩之上的，不仅涨潮时大片滩地全被海水浸没，即使平时海潮已经不再达到的地方，土壤含盐碱极重，仅能生长一些耐盐碱的蒿草，尤其是台风季节，狂风挟着巨浪，汹涌地把海潮深深地推上陆地。因此，遗产地进行垦殖时，首先考虑的是解决防潮和洗盐两大关键问题，而且滨海地带小河、港岔很多，很难把整个海滩完全连成一片，筑堰围垦，只能根据原来的地形和主要河流的出海情况，划分若干个大区。每区的形状大部分为正方形，少数为长方形、三角形或多边形。在区的基础上再进一步细分，形成"区匡排条"四级土地规划体系，与3 000年前西周封建制下实行的"井田"制有异曲同工之妙。

以蓄淡盖青为核心的土壤改良技术

经过上述农田水利工程建设以后，为了加速盐碱地的开发利用，人们采取多种措施改良盐碱地以发展农业生产。

蓄淡冲碱：蓄淡是通过在里堤和格堤上安装风车，戽引淡水灌入田内，并通过涵闸注入出河港泄泻入海。每堤装风车8具。也有盐民在小块土地上洗盐，即在条沟边筑起土埂，蓄积淡水，冲洗盐碱。

挑生培土：挑生又或称铺生、挑脱壳沟。每年冬春，挖取条沟边沿的泥土，铺在农田里，一则沟沿泥土盐碱含量低，铺在农田可以增厚耕作层培肥土壤，二则可抬高地面，加深条沟，降低地下水位。

盖青肥田："盖青"又称"盖草"和"扣青"。盐垦区大部分农田冬季不长作物，农民大多种植苜蓿草，这是很好的绿肥，收割以后盖在农田，既可不让阳光直射在土地上，减轻因水分蒸发而引起盐碱上升，又是改良土壤最好的肥料。这种方法称为"盖青"。有些农民以茅草或芦柴铺盖农田，称为"盖草"。公司或股东自营部分，或租地农场主，以及资金较多的富裕农户，更将苜蓿或购买茅草、芦柴埋入农田，称为"扣青"。垦区地广人稀，人畜粪肥很少，"盖青""盖草"和"扣青"几种肥田方法，直至今天仍是江苏北部滨海地区农民重要的肥田方法。

畜牧改土：海滩盐碱土上虽不能种庄稼和树木，却生长一种蒿草，是野牛和獐等动物的食料。盐民先建立牧场堤（区），在堤内种草，饲育牛、羊、猪、鸡发展牧业，再以动物粪便肥田，改良土壤，三四年后能植棉花时，把牧场堤（区）迁入新堤，逐步拓展，加速垦区土地的开发利用。

植树护坡：农民常在田边、宅旁种植椿、柏、桐等树木，既能保护边坡，改良土壤，增加经济收入，又可发挥防风作用。

(4)以复合种养为核心的生态农业技术

农田间作套种

稻麦(油)棉轮作一年两熟制:其布局为一年稻麦两熟或棉麦两熟,定期进行稻棉轮作。稻麦(油)两熟制夏熟纯作麦子,秋熟纯作水稻,一年两熟。棉麦两熟制以棉麦套种为主,秋播行麦,预留棉行,春天套种棉花。一般三年稻棉轮作换茬一次,以改善土壤理化性状和控制病虫草害发生。

棉旱粮绿肥轮间套种一年两熟制:包括玉米、麦豆、绿肥间套种一年两熟制和棉花、玉米、麦豆、绿肥轮间套种一年两熟制。玉米、麦豆、绿肥间套种一年两熟制起源于夏玉米改春玉米,将散播纯麦改为麦(豆)绿间作,清明前后,绿肥扣青套种春玉米,玉米株间点种赤豆,麦收后再套种黄豆,既养地又多产。特别是春玉米成熟早,能避开初秋的风、虫、旱、涝等灾害,产量比较稳定。

粮棉绿轮间套作五种三收一年三熟制:秋播麦(豆)绿间作,春季在麦行中绿肥扣青播种棉花、春玉米,实行棉花、玉米夹种,一般四小行或六小行棉花夹种一行玉米,种植水平高的二小行或一小行棉花夹种一行玉米。夏收后再套种夏绿肥,作棉花的当家肥。一年五种:三麦(蚕豆)、冬绿肥、玉米、棉花、夏绿肥。三收:三麦(蚕豆)、玉米、棉花。这种耕作制度夏熟简称"麦(豆)绿间作",秋熟简称"粮棉夹作"。夹作与纯作相比,棉花可增产30%,玉米可增产20%。达到了粮棉双丰收的目的,在当时对粮棉产量的增长起了很大作用。

粮棉特绿轮间套种一年两熟或多熟制:主要模式有棉花大蒜间套种、棉花百合间套种、棉花洋葱间套种、棉花西瓜间套种和棉花浙贝母间套种。

特经蔬菜一年多熟制:一年种植三熟以上特经蔬菜,主要模式有青蒜西瓜冬瓜三熟栽培、青蒜马铃薯西瓜三熟栽培和青蒜大蒜冬瓜(或玉米)三熟栽培。

渔业立体养殖

淡水养殖模式：利用自然生态环境，围堰蓄水养鱼，水层较浅，水体面较大，以芦苇生长水临界点为限，淋盐洗碱为主要目的，适量投放鱼种，以浮游生物为主要食料，适度投喂饵料，是初级过渡性开发利用模式。

海水养殖模式：以养殖对虾为主，进行虾、贝、鱼（海水鱼主要品种为鲻鱼）混养，利用对虾剩饵和虾池肥水养殖文蛤和少量海水鱼。

林农复合经营

桑基鱼塘模式：池中养鱼、池埂种桑，是世界公认的一种低耗、高效农业生态系统。遗产地随处可见鱼塘和塘边的桑树。在传承中，遗产地也进行了一些新的尝试。比如将桑园成片集中管理，桑叶哺蚕、蚕沙养猪、猪粪养鱼、河泥肥桑，形成更完整、更科学的良性生态链模式，真正实践绿色发展。

林禽模式：遗产地郁闭度较高的林地，常通过自然放养、圈养和棚养饲养鸡、鸭、鹅等家禽，以充分利用林间闲置空间。放养的家禽能消灭林地表层害虫，粪便可作为林木的天然有机肥料增加地力，有利于林木的生长，形成科学合理的生态链，同时放养禽类肉质好、无污染、价格高，属于绿色禽产品。

林畜模式：由于林地有树冠遮阳，夏季温度比外界气温平均低2~3℃，比普通封闭畜舍平均低4~8℃，遗产地林下养猪、羊等家畜，既有利于家畜的生长繁育；同时养殖牲畜所产生的粪便为树木提供大量的有机肥料，促进树木生长。盐碱地的牧草及树下可食用的杂草都可用来饲喂猪、羊等家畜。

3. 文化与民俗

（1）海盐文化

遗产地地处两淮盐区腹地，有着2 000多年的制盐历史，在这片土地上凝结了内涵深厚，外延广泛的海盐文化，包括在海盐的生产、运输、销售、分配各个环节以及盐民自身生活过程中，所形成的物质层面上的历史遗存以及精神层面上的思想特质和行为范式，分为物质文化和非物质文化两个方面。海盐文化的物质遗存指海盐的生产场地、工具、运销码头、器具、建筑、碑刻等，非物质遗存指制盐技术、盐民俗还有一些关于盐民生产、生活的民间文艺等。

（2）地名文化

地名是海盐文化中最为鲜活的符号，也是历史文化的活化石。尽管遗产地全民制盐已成为历史，但由此而诞生的地名，已深深地镌刻在遗产地上，蕴藏着海盐文化的独有内涵。在范公堤两侧的镇村组，到处都能嗅到浓浓的盐卤味，以"团""灶""总""仓""镢"等命名的地方都与制盐密切相关。

（3）诗词歌赋

经济与文化总相伴相成，在海盐的生产过程中，凝聚了无数先民的血泪和汗水。有血泪就要呐喊，就要反抗，有正义感的诗词大家纷纷拿起手中的如椽大笔，奋笔疾书，书写出大量优秀的海盐文学作品。历代文人墨客用诗词的形式讴歌了遗产地的自然环境、人文地理、历史风貌，同时记载了灾情、社情和人情，歌颂了广大盐民战天斗地的拼搏精神。宋代著名词人柳永写的《煮海歌》，清朝作家苍岩写的《灶民苦》等诗歌深刻地描写了当时盐民的艰苦劳动和痛苦的生活沿海盐民世世代代在恶劣的环境中生产劳动，不仅不能解决温饱，连生存都得不到保证，时常发生不同程度的自然灾害，许多诗人作家也记录了不同的风灾潮害事件，展现了惨不忍睹的灾情和盐民们的艰苦生活。如康熙四年（1665）七月三日，苏北沿海地区，遭到了一次特大台风袭击，大风卷巨浪，海潮高涌，荡没无数亭场房舍，盐民死者达数万人。风息潮退后，留下一片灾象：盐场尽淤泥，草木全枯焦，人畜尸体陈野，惨象实不忍睹。诗人吴嘉纪就是把这个风灾潮害事件，用实录式的"新乐府体"反映了出来，是为《海潮叹》。

（4）传说故事

遗产地内的民间故事、传说，题材丰富，形象生动，富有情趣，大多熔铸了人民的爱憎情感和理想愿望，表达了对自然和社会的朦胧认识，对后人认识历代人民的生产生活方式和了解地方历史、风习、物产、方言等具有很大的认识意义和实用价值。一些针砭现实中的某些丑恶现象的新传说，新故事幽默诙谐，给人以深刻的思想启迪。在中华民族辉煌灿烂的精神文化遗产中，有不少关于食盐起源的自然神话传说和食盐被开发利用的人文神话故事。如"夙沙煮盐"赞颂孝义和艰苦奋斗的创造精神，是华夏儿女利用盐的开端；"盐比金子贵""祭詹"反映了盐在国计民生中的重要价值；"扬州人，砍桃树""一夜造白塔"反映了盐商生活的富贵奢华；"孙悟空盗盐"反映了对统治阶级的反抗；"愚者食盐"告诫世人适可而止，过犹不及。这些神话传说和故事，用丰富的想象、夸张的手法记述着盐业历史发展的轨迹，展示着遗产地食盐生产经营管理者的理想和追求，赞美了遗产地劳动者勤劳勇敢的品德和不屈不挠的精神，见证了盐业历史文化之久远和丰富内涵。

（5）民间歌谣

历史上，一代代先民在垦殖这项繁重的劳动中，口头创作了一些神话故事和歌谣小唱，民间歌谣蕴藏深厚，内容丰富，有劳动歌、生活歌、情歌、祝福歌、劝世歌等，其中以劳动歌、生活歌为主。

栽秧歌

一旦稻子千旦水，一斤粮食百斤力。
粮食本是农夫种，粒粒浸透汗和水。

千百年来，遗产地的人民用自己创作的歌谣诉说痛苦，抒发愤懑，披露心声，或借以破除寂寞，减轻疲劳，成为垦殖文化的重要组成部分。

（6）民俗礼仪

祭盐宗：盐民的祭拜对象是盐宗庙里的三宗——盐之宗夙沙氏、经盐之宗胶鬲、管盐之宗管仲。其中夙沙氏煮海为盐，首创华夏制盐之先河，被尊为盐业鼻祖，史称盐宗。胶鬲原本是卖鱼、卖盐的，后来被周文王发现，举荐给商纣王，《孟子·告子下》有"胶鬲举于鱼盐之中"的记载，胶鬲也被后人称为"盐商之宗"。管仲任齐相后，制定了《正盐荚》，成为了中国盐政的首部法规，在此后2 000余年中，各朝各代统治者对盐业的管理基本上直接或间接取法于《正盐荚》，利用管仲之术，政府专控食盐产销，即实行盐业专买专卖制度，因此，管仲为"盐政之宗"。每逢喜庆节日，盐民也通过对盐业创始人的祭祀仪式来祈愿。在春季生火烧盐前和秋后灭火修煎时，都要祭拜盐宗，供三牲，行三跪九叩之礼，祈祷和感谢当年盐产丰收。

盐婆娘娘生日：盐民最信仰盐婆娘娘，认为她就是盐神，世上的盐就是盐婆娘娘造化恩赐的，是盐业的祖师母，也是盐民的保护神。正月初六是盐婆娘娘的生日，盐民对盐婆娘娘生日十分重视，这一天要处处事事图吉利，讨得盐婆娘娘的高兴。如果盐婆娘娘在这一天高兴，有了笑脸，这一天的天气就好，全年盐的收成好。如果盐婆娘娘这一天不高兴，把脸沉下来，不是刮风就是下雨，全年盐的收成不好。

晒龙盐：晒龙盐是指农历六月初六是东海龙王的生日，相传这一天，四海龙王都要到东海来贺寿。为此，东海龙王特地下令，让虾兵蟹将全体出动，把海水弄得干干净净，这一天海水煎的盐洁白精细、腌腥不臭、腌菜不苦、做汤味鲜。东海龙王就用这盐招待来宾。这事渐渐传到民间，老百姓也赶在这一天晒盐，被称为"龙王老爷生日盐"，俗称"龙盐"。这天晒出的盐果然腌腥不臭、腌菜不苦、做汤味鲜。一般盐民都要保留一些"龙盐"，珍藏起来，除自用外，还作为礼品馈赠亲友。

打春牛：所谓打春牛，就是农民们用软鞭轻轻抽打耕牛，打走耕牛过冬时积下的懒惰，来春种，祈求丰收。"打春牛"的习俗是为了送走冬寒迎接春天的，由于以前的牛很珍贵，所以人们根本舍不得鞭打真牛，而是用泥或者纸做一个与真牛大小差不多的假牛，一般假牛身长八尺，代表着春分、秋分、夏至、冬至、立春、立夏、立秋和立冬8个节气，身高四尺，代表着一年四季，而牛的尾巴长度是一尺二寸，代表着12个月。假牛身上会披红挂彩，就像是在拉犁一样，做得惟妙惟肖，而且假牛边上还有用泥做成的农夫和农具,而农夫的身高一般是三尺六寸五分,代表着一年365天。

青苗会:青苗会是夏秋之交,庄稼丰收在望,禾苗茂盛,遗产地人们为祈神保佑风调雨顺、五谷丰登而举办的庙会活动。做会期间,会主统管,百脚幡高挂,香烟缭绕,灯烛辉煌,童子唱书,观者满屋,夜以继日,一连三日。结束前,童子提桶,鸣锣至在会各户门口,用石灰水或红土水在墙上写"太平",谓之"打扫",意在拔除不祥。

饮食文化:遗产地居民在长期的生产生活中,形成了丰富的饮食文化。因其地处滨海,故而喜食虾、蟹、贝、螺等食物;因纪念张士诚,故而"吴王四碟"颇为流行;因张謇废灶兴垦后广植大蒜,故而无蒜不肴。这些文化是生活环境、地方风物、移民特征在饮食方面的交汇,充分展现了遗产地先民对美食的追求和对生活的热爱。

苏州甪直水八仙种植系统

苏州甪直水八仙种植系统，位于苏州市吴中区，是一片富有诗意的土地，承载着悠久的农业历史与深厚的文化底蕴。甪直古镇以其独特的水系和丰饶的土地，孕育了多样的农作物，尤其是被誉为"水八仙"的水生蔬菜，诸如莲藕、菱角、芡实和水葱等，成为了这个地区的特产与骄傲。苏州甪直水八仙种植系统以源远流长的传统水生蔬菜采集驯化史、独特的水生蔬菜栽培技术、丰富的生物多样性、泽田植蔬相得益彰的立体美景为特征，深刻体现了物种间互利共生的协调关系及人与自然由博弈走向兼容的哲学智慧，是甪直历代人民变涂泥为沃土的独特创造。该系统于2021年被认定为江苏省第一批省级重要农业文化遗产。

1. 自然地理概况

甪直镇位于江苏省东南部，苏州城东南25千米处，是吴中区的东大门，北靠吴淞江，南临澄湖，西接苏州工业园区，东衔昆山南港镇。地理坐标范围在北纬31°10′30″~31°18′50″，东经120°43′50″~120°53′58″。

甪直的地形地貌为太湖沉积平原，属苏州东片的湖荡水网平原。地势低平，海拔3～5米，自西向东微微向上倾斜。西部及湖荡周围地势略高，在4～5米，吴淞江沿岸在3～4米，处于正常水位与洪水位之间。镇内水网稠密，湖泊众多，河港泾浜将地面分割成许多大小不等的地块，水面占陆地面积30%以上。

甪直镇域为平原水网地区，属中亚热带北缘、季风气候过渡类型的亚热带季风气候区，具有四季分明，气候温和，雨量充沛，日照充足，雨季明显和无霜期较长的特点。

2. 技术体系与景观特征

以茭白为例，江浙一带，单季茭于春季分墩定植，双季茭可春栽也可秋栽，以春栽为主。

翻耕、施基肥：茭白应注意轮作，在水稻收割后，放干田水，冬季深耕进行休闲，来年清明前施入基肥（有机肥3 000千克），然后耕翻耙碎，磨平再每亩施人粪尿1 000千克作面肥，做到田平，泥烂，肥足。

适时插秧，合理密植：春栽适期谷雨前后，近年逐渐提高清明前后，连泥将老茭墩挖起，用快刀顺着分叶着生的趋势分成小墩，每小墩要带有老茎及匍匐茎，并有新抽生的新苗4～5株，如新苗较大，每小墩带苗2～3株也行，随挖、随分、随栽，如从外地引种，运输过程要注意保湿。茭白苗可按梅花形插种，株距1米，行距可分大小行，大行行距0.5米，小行行距0.4米，每隔4行需一条操作道（宽度为1米），以备耕耘采收之用。也可按株行距40厘米×80厘米等距离插种。

新茭田管理：水层调节，刚种下时灌水较深，7～10厘米，目的在于护苗，5～6天后，放浅至5～7厘米，以利于升温，分蘖后期，水层逐渐加深，每次放肥后，宜待肥料吸入土中再灌水，台风暴雨季节要注意排水，防止茎管伸长；秋茭采收后期，水温低，灌水宜略浅些，以利采收；采收后，应逐渐回落到3～6厘米，大田以浅水或渐湿状态入冬，不能干旱。

追肥：一般在栽后10天施提苗肥，每亩施人粪500～1 000千克，再过10天施发棵肥，每亩施人粪1 000～1 500千克，到6月初以后，茭白已进行分蘖高峰期，一般不再追肥，以免无效分蘖大量发生。至8月中下旬，在30%的茭墩或20%的植株已孕茭时，每亩施3 000～4 000千克的人粪，实为"催茭肥"，在距植株10～16厘米处施入，以免伤苗。

耘田除草，剥黄叶：从茭白栽种到封垄前要耘田除草2～3次，疏松田土，将杂草埋入行间。在大暑、立秋间，将植株基部黄叶剥去，随剥随踏入田土内，剥叶要求"拉清不拉伤"，使田间通风透光，降低温度，促使早孕茭生长。

老茭田管理：割茭墩清理田间，秋茭采收时，发现雄茭和灰茭植株，随时做好记号，寒露以后连根挖去。大雪、冬至间，放干田水，齐泥割去枯叶，使来年分蘖整齐、均匀，割去枯叶后应灌浅水，保持根株湿润越冬，使第二年提早萌芽。

补茭墩、压茭墩、疏茭墩：于早春茭白开始萌芽时，在田间老茭墩中，掘出6~8苗，补在上年挖去雄茭、灰茭处，并在原来茭墩空间较大之处补栽分株。老茭墩根茎密集，分蘖拥挤，在清明、谷雨期间，分蘖高36厘米，进行疏苗。将细小密集分蘖除去。同时向根际压一块泥，使蘖芽向四周散开，以改善营养状况，使墩间通风透光。

追肥：夏茭追肥应以速效肥为主。清明前后，当苗高9~12厘米时，进行第一次追肥，每亩施人粪尿3 000千克，待肥吸入土中后，接着施第二次追肥，每亩施人粪尿3 000千克。如粪肥不足可加施尿素。但化肥施用过多，茭肉发硬，影响品质。

病虫害防治：茭白病害主要有胡麻叶斑病、纹枯病和锈病。虫害主要为螟虫和蚜虫。可参照水稻同样的病虫害进行防治。

采收：单季茭采收较早，一般在9月至10月上旬，每亩产带壳茭1 250~1 500千克，双季茭、秋茭在9月下旬至11月采收。每亩产量1 000~1 250千克，夏茭于5—6月采收，每亩产带壳茭2 000~2 500千克。夏茭采收后期，气温渐高，成熟快，容易发青变老，应及时采收。茭白最好鲜收鲜销，如运销外地，应将水壳装包后浸于水中，可贮存一周。

留（选）种：茭白采取分株繁殖，种株好坏直接影响茭白结茭率、产量和品质。种株需年年严格挑选，剔除"雄茭""灰茭"和容易发生壳黑青（即包着叶鞘的茭肉由白变绿），"爬管"（结茭部位过高）现象的茭白植株，选留结茭整齐、结茭形状完美、无病虫害具有品种特性的茭墩做种。

景观体系：吴中农人在长期的生产实践中，充分利用水生植物生物学特性及自然界物质循环规律，在栽培区域内通过套种不同种类的传统水生蔬菜，使不同的传统水生蔬菜在同一环境中共同生长，形成分级利用、各取所需的生物群落立体结构。例如茭白套种莲藕模式，因莲藕根部繁殖能力极强，藕实极易伸展至周边田块。加之夏季吴中台风盛行，柔弱的荷叶梗遇大风时容易折断。此时，在莲藕栽培区域的外围种上一圈茭白，便能起到防风固根之效。一来，茭白植株高大，能起到挡风之效，且可以有效地防止热量散发，提高塘里温度和湿度，让莲藕长得更好；二来，茭白根系深密，能有效阻止莲藕根系外延；三来，茭白的植株比较高大，并且单株占地面积小，充分利用藕塘边缘的空地。不止如此，茭白套种莲藕以防风保湿的方式，在芡实身上也同样适用。芡苗不耐风浪，若在湖荡或大田种植，需在四周栽种茭白。吴中农人一般在荡内每隔四五行纵横栽植茭白一行，形成防风带，内塘浅水田风浪小，可以不栽茭白。

再如菱塘养鱼，鱼类参加菱塘的生态系统，吃掉与菱争肥的杂草和浮游生物，通过排泄，又转化为优质肥料，供菱株吸收。但值得注意的是，传统的水生蔬菜套养水生动物既有相互有利的一面，也有相互矛盾的一面，如食草鱼类会啃食芡苗及菱株。因此，吴中农人在传统水生蔬菜栽培区域套养水生动物时，极为注意套养的时间茬口。例如，在芡田中套养黑鱼，吴中农人往往在6月中旬开始定植芡苗，同时在芡田四周开围沟，四角挖鱼坑。6月下旬至7月上旬，在芡田中放养黑鱼，每亩控制芡田内鱼苗的投放数量控制在100～150尾。关于鱼苗的大小，农人对此还颇有讲究，即每尾控制在50克左右，以免鱼苗过大易于食用芡苗。

3. 文化与民俗

金风送爽时节，鲜藕的余香未散，接着就有了芋艿、水红菱和飘着桂花香的软糯鸡头米。路上三三两两现剥现卖鸡头米的妇女，也成了这个时节一道特有的风景。

江南水乡，水生作物丰富，品种之多位于全国之首。自古以来，横山荷花塘的藕、南荡的芡实、梅湾的吕公菱、葑门外黄天荡的荸荠、莲藕等都是闻名遐迩，加上慈姑、茭白、水芹、莼菜等这些各具营养价值和经济价值的水生经济作物，被人们并称为"水八仙"。"春季荸荠夏时藕，秋末茨菇（慈姑）冬芹菜，三到十月茭白鲜，水生四季有蔬菜"就是江南水乡水生蔬菜的真实写照。

在江南地势偏低、湖田多，特定的自然条件赋予了种植水生蔬菜的优势。那些靠着"水八仙"生活的农民，住在自家盖的小楼房里，生活得有滋有味。对他们来说，土地已不是生活来源的唯一，但却是他们的生活根本。他们可以把其他事忘记，却不会忘记收了一茬鸡头米之后，下一茬再种水芹。

（1）甪直宣卷

宣卷又称挂轴子说书，是一门以娱乐和劝善为主，辅以说、噱、演、唱等形式的古老曲艺形式，既保留丰富的民间曲调，又拥有大量的说唱宝卷。宣卷，是由唐代僧侣的"俗讲"、宋代的"说经"及后代的鼓子调、诸宫调、戏文、杂剧影响发展而来的。到了明朝正德年间，始用"宣卷"称谓，刊本行世。甪直宣卷属北派宣卷，其艺术风格与苏州滩簧十分相近，有说有唱，亦被称为"打山头"。甪直宣卷分木鱼宣卷和丝弦宣卷两种。丝弦宣卷是由木鱼宣卷演变而来，表演的题材大多是根据地方戏的剧目改编而成，都是些才子佳人、贫富恩怨等比较通俗的分回卷目。20世纪50年代以前，甪直宣卷常常在庙会、当头、理星宿、斋星官等场合演出。80年代末，其逐步延伸到民间婚礼、做寿、小孩剃头等民俗活动中。

（2）甪直打连厢

连厢，又名莲花落，霸王鞭，是甪直农民庆丰收、贺新春、赶庙会的民间传统舞蹈。连厢棒由一米多长的细竹竿做成，部分雕空、嵌以铜钱，系上绒线。连厢可由青年男女二人表演，也可由多人集体表演。表演时，均手握一根连厢，唱着地方小调，和着节奏边打边舞，时而敲击自身的四肢和肩、腰、背、臀部，时而向地面敲打，时而与他人对打，形式多样，整齐有力，热闹欢快。打连厢亦有文武之别，文连厢的表演者在表演时歌舞并重,节奏轻快,江南地区群众表演的大都是文连厢;武连厢的表演者在表演时活跃、自由,节奏流畅,动作粗犷,呈现一片欢乐气氛。

(3) 荡湖船

荡游船是吴中群众庆贺节日的一种习俗,又称"大舞船"。花船是用竹竿扎成,四周围上花布,上扎彩楼,内有一个化妆得十分漂亮的少女,肩搭红绸,系于船内两帮,使旱船离地少许,随人而行。船外有两个艄翁,又叫"艄搭子",一前一后。前者头戴瓜皮帽,手摇破芭蕉,后者反穿皮袄,双手撑篙,在锣鼓声中按编排好的路线有节奏地跳起来。他们不时在丝竹的伴奏下唱起民间的清曲时调,一唱一和,一问一答,煞是热闹。每年正月,荡湖船在吴中乡镇巡回演出,每每吸引成百上千的人观看,成为当地人春节期间的一大盛事。

新沂—邳州—沭阳古栗林栽培与文化系统

新沂—邳州—沭阳古栗林栽培与文化系统，位于江苏省北部，蕴藏着丰富的自然资源，承载着悠久的文化传统。这一地区的温带季风气候造就了四季分明、雨热同季的优越条件，为栗树的生长提供了理想环境。古栗林的栽培技艺世代相传，选用优质品种、科学嫁接和精细管理，使栗树不仅丰产高效，还成为当地人生活中不可或缺的元素。在新沂、邳州和沭阳这片沃土上，古栗林栽培与文化的交融，不仅彰显了当地的农业特色，也体现了人们对自然的敬畏与热爱。随着现代农业技术的发展与传统文化的保护，这一系统将继续焕发出新的生机，续写着栗子与这片土地的动人故事。该系统于2021年被认定为江苏省第一批省级重要农业文化遗产。

1. 自然地理概况

新沂—邳州—沭阳位于江苏省北部，新沂、邳州位于江苏徐州，新沂市与邳州市相邻，东与宿迁市沭阳县毗连。属温带季风气候区，四季分明，雨热同季，光热资源丰富。春季干湿冷暖多变，夏季炎热雨水集中，秋季温和天高气爽，冬季寒冷雨雪稀少，气候条件较为优越。

2. 技术体系特征

（1）品种选择

选好品种是高接换种的基础，是关系到嫁接后能否达到优质、高产、稳产、增加经济效益的关键。因此，在选种时要根据本地的气候环境情况、立地条件和管理水平等综合考虑。选择果粒大、色泽好、品质优、抗逆性强、抗病虫的优良品种。

（2）接穗采集

采穗应根据物候期而定，多在树液未流动、芽未发尚处在休眠期时进行，一般在3月上旬，此时采穗距嫁接时间较近，嫁接易成活，采穗过晚接穗芽开始萌动，则不易成活。采穗应在母树的外围上部，采1年生组织充实、芽体饱满、无病虫害的接穗。采后分品种，每50根捆成一捆，贴上标签，以防混杂。

（3）剪穗、封蜡

剪穗：接穗的长度以10~15厘米为宜，接穗上应有3~4个饱满芽。封蜡主要是将接穗两端的伤口及皮孔全部封闭，保持接穗内部的水分，有利于形成层的愈合，提高嫁接成活率。封蜡要随剪随封蜡，不能拖延，否则会散失接穗内部的水分，降低成活率。封蜡前要选购质量好的纯石蜡，不带油性，带油性的石蜡封穗后，接穗表面很滑，给削穗带来一定困难，还会影响刀口的平滑度。

溶蜡：将选好的石蜡放在铁容器里加温，不断搅拌，当蜡完全融化时，应测量一下蜡液在容器内的深度，一般要与接穗长度相等，低于接穗的1/2时，接穗封不完全，中间有断带，起不到全封闭作用。在封蜡时会不断消耗蜡液，蜡液深度也不断降低，应及时添蜡。但要确保稳定在接穗的2/3以上深度。蜡封接穗关键是控制蜡温，蜡温过高会烫伤接穗；蜡温不够，接穗上的蜡层厚，发白，容易开裂脱落，起不到保水作用。蜡封接穗的适宜温度在90~105℃。

蘸蜡：将剪好的规格接穗在蜡溶液中蘸一头，然后调过来再蘸另一头，使2次封蜡长度都超过接穗长度的1/2，不留空当。蘸蜡的速度要快，一般控制在0.5~1秒，速度过慢会烫伤皮层，影响成活率。

（4）接穗储藏

封蜡好的接穗分品种装在纸箱内，放在阴冷通风的室内或储藏在地下室内，温度保持在5℃以下，有条件的可放入恒温冷库内储藏。本地储藏在果品恒温库内，温度保持在4℃。

（5）嫁接时间

本地4月上旬开始，此时气温升高，树液流动，根系水分养分往上运输，砧木形成层生理活性强，有利于嫁接成活。

（6）嫁接方法

嫁接要因树制宜，充分利用原有的骨架，按"主枝长留，侧枝短留"的原则，同时还应根据原树冠的圆满度，尽量调整，使高接后能形成圆满的树冠。嫁接方法采用双舌接。枝干粗度尽量与接穗粗度一致，在接穗的下部平滑地削一刀，削面长度2~3厘米，然后砧木向上平滑地削一刀，长度与接穗长度相等。将接穗的削面趴在砧木的削面上，层层对齐，用塑料条绑紧。嫁接口完全愈合、木质化，砧木和接穗的粗度基本一致，形成一体，可起到抗风作用。

（7）病虫害防治

板栗高接换种，枝干伤口较多，很容易感染病害，因此对病害的防治采用预防为主、综合防治的办法。对腐烂病、白粉病、芽枯病、炭疽病等，用石硫合剂、波尔多液涂抹伤口、生石灰液涂刷树干，同时还用多菌灵、甲基托布津进行防治。对蜘蛛、栗瘿蜂、桃蛀螟、板栗皮夜蛾、栗实象、栗大蚜、板栗透翅蛾、栗链蚧、各类金龟子等，根据各种害虫的发生时期，用90%敌百虫1 500倍液，或用50%敌敌畏乳剂1 000倍液，或用40%乐果1 000倍液进行防治。

3. 文化与民俗

在生活中，板栗是吉祥的象征，寓示吉利、立子、立志和胜利。拜师、求学、升迁、商号开业，嫁娶庆寿，当地人都以栗子相赠，以祝其大吉大利。男女婚配洞房，炕上的四角都要摆上栗子，以示吉祥，并祝愿早早生子。在日常节庆中，端午节吃粽子，农历八月中秋吃月饼，腊月初八喝腊八粥以及春节的年夜饭，栗子都是必不可少之物。同时，供奉祖先、祭奠先人，也都把栗子作为首选之物，这样的习俗传统自古一直延续至今。所以，尽管人们都知道栗子是爷爷种孙子吃，却都把它当吉祥之物，一代接一代地发展至今。

古人关于板栗的文学创作非常多。如宋代苏辙有"老去日添腰脚病，山翁服栗旧传方。……客来为说晨兴晚，三咽徐收白玉浆"的诗句，诗中对栗子的食疗功效进行了形象的描述。南宋诗人陆游也曾在《老学庵笔记》中对糖炒栗子作了生动的记述，诗中写道："齿根浮动叹吾衰，山栗炮燔疗夜饥。唤起少年京辇梦，和宁门外早朝来。"明代诗人吴宽《煮栗粥》："腰痛人言食栗强，齿牙谁信栗尤妨。慢熬细切和新米，即是前人栗粥方。"这首诗反映了诗人对栗子的钟爱，也道出了栗子粥能补肾气、益腰脚之功效。

二 江苏省级重要农业文化遗产探索（第一批）

三

江苏省级重要农业文化遗产探索（第二批）

连云港东海老淮猪养殖与文化系统

连云港东海老淮猪养殖与文化系统位于连云港市东海县，是一个集传统饲养习俗、现代产业发展、文化展示于一体的综合性系统。其生态种养系统保护与发展是以东海老淮猪文化科普园等为核心、整个东海县为保护区范围。东海县位于江苏省东北部，常年温和湿润、日照充足，且拥有丰富的地下水资源，其含有多种矿物质和微量元素，为老淮猪的生长提供了得天独厚的资源条件。东海县建设的中国淮猪资源文化馆展示了淮猪品种、历史和文化，已经成为了解淮猪文化遗产的重要平台。2022年，该系统入选江苏省第二批省级重要农业文化遗产名录。

1. 自然地理概况

东海县位于江苏省东北部，地处北纬34°11′~34°44′，东经118°23′~119°10′。东与连云港市海州区接壤，西达马陵山与山东省郯城县分界，南与沭阳县为邻，北与山东临沭县交界，东北沿新沭河与赣榆区相望，西南与新沂相连。东海县总面积2 037平方千米。

东海县属暖温带湿润季风气候，东海县常年温和湿润，日照充足，雨热同季，四季分明。年平均日照时数为2 300小时，年平均降水量913毫米，常年无霜期225天。

东海县地属黄淮海平原东南边缘的平原岗岭地，地形东西长、南北短，东西最大距离70千米、南北最大距离54千米。中西部平原丘陵起伏连绵，东部地势平坦。地势西高东低，海拔2.3~125米。

2. 技术体系特征

淮猪是原产于淮河中下游的一个古老的地方猪种，属于华北型地方猪种"黄淮海黑猪"的一个分支。东海的老淮猪是其中的主要类群，学名"淮北猪"，俗称"老淮猪"。江苏省连云港市东海县是老淮猪的原产地。在历史上，淮猪是本地农民饲养的当家猪品种。根据1986年出版的《中国猪品种志》记载，淮北猪的中心产区在江苏省的东海、赣榆和淮阴等地。东海县地处黄淮海地区的淮河流域，属淮北地区，是淮猪（淮北猪）的发源地之一。农业文化遗产系统东海老淮猪生态福利养殖主要特点：淮猪被毛黑色，体形紧凑，四肢粗壮，适应性强、耐粗饲、抗病力强、性成熟早、产仔率高、肉质好，在中国猪系中属多产品系。

东海老淮猪产于东海县域，符合淮北猪特征，被毛黑色、较密，冬季有褐色绒毛，鬃毛较长、硬，嘴筒较长而直。肌肉色泽鲜红或深红，皮厚，脂肪洁白，大理石纹明显、呈雪花状，外表微干或微浸润。熟制后肉质鲜美、香味浓郁、肥而不腻，肉汤清澈、微乳白，脂肪团聚于表面。

东海老淮猪养殖技术和管理方式

淮河流域养猪历史十分悠久，几千年的风土驯化，独特的生存环境造就了东海老淮猪耐热、耐寒、耐苦，对多种粗放环境有较好适应性的特点。

历史上淮河常泛滥成灾，作物以麦类、甘薯、玉米等旱作物为主。淮河流域人民在这种特定自然、经济和人文条件下，养猪多采用放牧或放牧与舍饲相结合的方式。由于饲料资源短缺，一般仔猪在断奶前就随母猪放牧，6月放麦茬，8月底放豆茬，10月放花生、山芋茬，这就是著名的"放三茬"。东海老淮猪就是在这种较艰苦的条件下培育而成。特定的生产方式使得东海老淮猪肌肉得到锻炼，肉色较红，肉味香浓，肌内脂肪含量高，肉质细腻有劲道。东海老淮猪场址选择通风向阳、地势平坦，采光充足、隔离条件好的区域。

东海老淮猪仔猪（20千克以下）阶段采用舍饲圈养和中大猪运动场放养相结合。圈养期饲喂与本品种相应的全价料，放养期以玉米、米糠、甘薯、木薯、麦麸、大豆、豆粕、花生麸、甘薯藤、天然牧草等为主要原料，不使用国家禁止使用的违禁药品和饲料添加剂。

舍饲圈养阶段。一是抓好初生关：做好接产，注意防压，及时吃上初乳，做好固定乳头，让弱小的仔猪固定在泌乳量高的前中部乳头，把强壮的仔猪放在后部乳头，提高断奶时的整齐度；出生3天内做好补铁；加强保温，温度要求：产后第一周30～32℃、产后第二周28～30℃、产后第三周后25～28℃；抓好产后护理和仔猪保健工作。二是抓好补料关：仔猪产后5～7天，用乳猪料进行诱食补料，增加营养，促进仔猪生长。三是抓好断奶关：采用逐渐断奶法或分批断奶法，做好仔猪35日龄断奶饲料过渡关，注意饲料品质和饮水清洁卫生。四是抓好防疫关：按免疫程序开展免疫注射，定期做好栏舍消毒，减少疾病发生，提高仔猪成活率。

放养阶段生产管理。一是建立放养运动场，将准备放养的生猪集中到放养运动场，白天放养，晚上回栏补料，让猪群适应固定的饲养方式。二是建立固定的投喂地点、时间、口令，在放养区挑选合适的地点、适当放置料槽、水槽，选择固定的时间，统一的口令信息，使放养猪形成条件反射，适应放养管理。产品销售、屠宰：东海老淮猪出栏前必须检查生产记录，符合休药期规定，检疫合格，方可出栏。

3. 文化与民俗

东海老淮猪公司建有全国唯一一家淮猪资源文化馆，位于东海县城东5千米，（东海种猪场）中国淮猪资源文化科普园以"游淮猪养殖基地、中国淮猪资源文化展示馆、淮猪肉烧烤园、特色农作物栽植、特色蔬菜瓜果、品特色老淮猪肉、历农家种养生活"为目标，配套建设了淮猪肉烧烤体验区、淮猪生活展示区、淮猪文化长廊、特色农作物、蔬菜观赏区、特色水果、蔬菜采摘区等。日可接待游客1 000人以上，春季踏青赏菜花、夏秋可以采摘各种新鲜的蔬菜瓜果，烧烤区让游客品尝淮猪肉美味、感受淮猪饮食文化，是放松休闲的好去处！

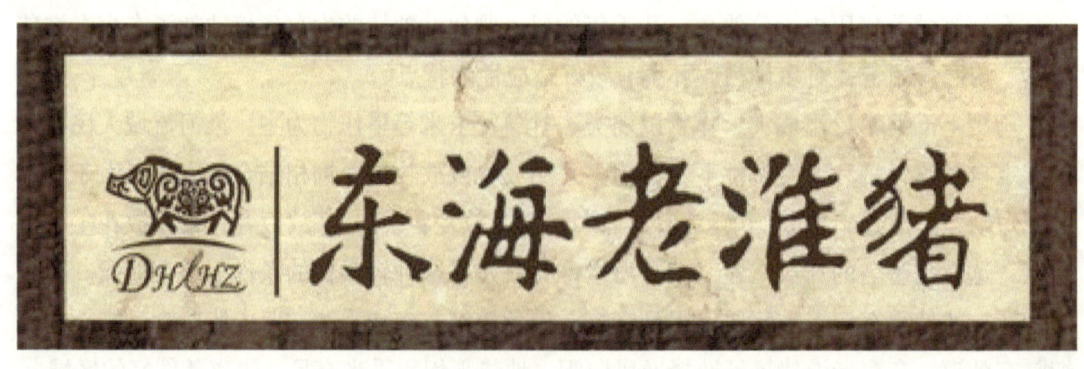

汤汤淮水，赫赫淮猪。老淮猪是一个古老的地方优良品种，至今已有2 000多年的饲养历史。在长期的自然选择及人工选择中造就了老淮猪独特的体型外貌以及耐粗饲、肉质好的特点。2000年老淮猪被列入《国家级畜禽品种资源保护名录》。

苏州市吴江区环长漾桑基鱼塘农业系统

苏州市吴江区环长漾桑基鱼塘农业系统位于苏州市南部，是集桑树种植、家蚕饲养、鱼类养殖于一体的农业生产系统，其生产模式独具特色，通过把水网洼地挖深成为池塘，挖出的泥土在水塘的四周堆成塘基，在塘基上种桑，桑叶喂蚕，蚕沙喂鱼，含有鱼粪的塘泥作肥料返还塘基，由此形成一个闭合的生态链环，实现了资源的最大化利用和废弃物的零排放，该系统承载了丰富的渔文化、蚕桑文化、丝绸文化与水文化。2022年，该系统入选江苏省第二批省级重要农业文化遗产名录。

1. 自然地理概况

吴江区东接上海市青浦区，南连浙江省嘉兴市，西临太湖，北靠吴中区，东南与浙江省嘉善县毗邻，东北和昆山市接壤，西南与浙江省湖州市交界。全区总面积1 176.68平方千米。全年四季分明，气候温和，雨量充沛，属北亚热带季风海洋性气候，年平均气温16℃左右，年降水量1 000毫米左右，适合农作物和水生作物生长，素有"鱼米之乡""丝绸之府"的美誉。全境无山，地势低平，自东北向西南缓慢倾斜，南北高差2米左右，田面高程一般3.2～4.0米，最高处5.5米，极低处1.0米以下。土壤以壤土质的黄泥土和黏土质的青紫泥为主，其次为小粉土，还有少量的灰土和堆叠土。全区耕地面积40万亩（2.7万公顷），境内河道纵横，湖荡密布，水面面积40万亩（2.7万公顷，不包括所辖太湖水面），占全区总面积的22.7%。

2. 技术体系特征

（1）桑树种植与管理技术

桑树种植与管理技术主要包括桑苗培育与桑园管理技术。古代，吴江地区蚕农繁殖桑苗以播种为主，称为"种椹"，为桑苗有性繁殖方法。播种时期有春播和夏播。桑园管理重要的一环是修剪和整枝，吴江蚕农适时根据需要和桑树的生长习性，剪去部分多余的枝条，以造成合理的枝形（简称"剪定"），便于通风透光，减少病虫害的蔓延。此外，还要修去枯桩、枯枝、死拳和折断枝等。春季，桑树还要摘芯，可抑制新梢向上生长，使养分相对集中。

（2）家蚕饲养技术

吴江农村养蚕有长期积累的丰富经验。家蚕饲养的各个阶段如下。催青：吴江境内蚕农养蚕，在谷雨前后采用家庭人工暖种，促进蚕卵孵化。收蚁：刚孵出而未饲桑的蚕，体色乌黑，如蚂蚁细小，此时的蚕称为蚁蚕。用鹅毛将蚁蚕轻掸下来，并移到蚕座上的操作过程称为收蚁。收蚁又称摊乌，"纸包收蚁法"或"双网桑收法"一直沿用至今。小蚕饲养："养好小蚕一半收"是吴江蚕农宝贵的实践经验。蚕儿1~3龄为稚蚕期，适宜高温多湿饲养。大蚕饲养：蚕儿4~5龄为大蚕期，对高温多湿和二氧化碳的抵抗力弱，食桑量大，蚕沙（排泄物）多。稀座、薄饲多喂、饱食是保证丰收的主要关键。上蔟：5龄大蚕经过6~7天便停止食桑，排出大量绿色软粪，胸部透明，身体呈蜡黄色，头部左右摆动时，谓熟蚕。此时，要将熟蚕拣出放到适宜结茧的器具上去吐丝结茧，俗称"上山"。

（3）鱼类养殖技术

新开桑基鱼塘的规格，要求塘基比1:1。塘应是长方形，长60~80米或80~100米，宽30米或40米，深2.5~3米，坡比1:1.5，将塘挖成蜈蚣形群壕，或并列式渠形鱼塘6~10口单塘，基与基相连，并建好进出水总渠及道路（宽2~3米）。利于调节塘水、投放饲料、捕鱼、运输和挖掘塘泥等作业，也利于桑树培管、采叶养蚕。新塘开挖季节以选择枯水、少雨的秋末冬初为宜。挖好的新塘要晒几天，再施些有机粪肥或肥水，然后放水养鱼。传统桑基鱼塘以养殖四大家鱼为主，鱼塘中通过放养草鱼来控制鱼塘表面水生植物生长，确保鱼塘光照充足，以促进藻类等浮游植物繁衍。浮游植物吸收鱼塘水域中从桑基中流失到鱼塘的氮、磷、钾等营养元素和二氧化碳，利用光能进行光合作用而得以大量繁殖。

（4）生产模式与生态价值

资源循环利用：桑基鱼塘重塑的基塘形态是一种曾经在江南盛行一时的农业模式，把水网洼地挖深成为池塘,挖出的泥土在水塘的四周堆成塘基,在塘基上种桑,桑叶喂蚕,再用蚕沙喂鱼,含有鱼粪的塘泥作肥料返还塘基,形成一个闭合的生态链环。桑基鱼塘内部的种群之间形成较为复杂的食物链和食物网。桑树和浮游植物通过光合作用将太阳能转化成化学能,同时把二氧化碳、水分等无机物合成有机物,并释放出氧气等;在陆地上,桑叶用来喂蚕,产生的蚕沙等一部分通过土壤中微生物的分解作用成为桑树的肥料,另一部分被投入水体,主要用来培养浮游生物;在水体中,浮游动物和鲢鱼以浮游植物为食,而鳙鱼以浮游动物为食,草鱼、青鱼需要外界水草、螺蛳等投入;水体中的鱼粪及未被利用的蚕沙饲料等落至塘底被微生物分解并与塘泥混合,通过人工返还到陆地土壤中,成为桑树的肥料。桑树、浮游植物等生产者与蚕、鱼等消费者,以及土壤和水体中的微生物等分解者联合组成多个生物循环。

水土保持作用:桑基鱼塘系统是生产、生活用水的重要来源。它通过渗透作用,可以补充地下水,对维持周围地下水的水位、保证持续供水具有重要作用。同时,桑基鱼塘又是蓄水调洪的巨大"蓄水库"。每年汛期洪水到来,桑基鱼塘系统对缓解洪涝灾害发挥了重要作用。桑基鱼塘系统大面积水面,通过蒸腾作用产生大量水蒸气,从而提高周围地区空气湿度,减少土壤水分蒸发,增加地表和地下水资源。因此,桑基鱼塘系统有助于调节区域小气候,优化自然环境,对减少干旱等自然灾害十分有利。此外,桑基鱼塘系统还可以通过水生植物化学及生物作用,吸收、固定、转化土壤和水中营养物质,降解有毒和污染物质，净化水体，减少环境污染。

农业物种多样：系统内的湖桑、家蚕等具有丰富的遗传资源多样性。明代吴县人黄省曾在《蚕经》中提及吴江、吴县一带所栽桑的品种有柿叶桑（白皮、节疏、芽大、叶大而厚）、鸡脚桑（叶薄）、青桑（无椹而叶甚厚）、紫藤桑（树高大、早熟），此外还有望海桑、白桑等品种。目前，吴江以湖桑32号为当家品种，搭配农桑12号、农桑14号、育71-1等辅助桑种，兼有少量其他果桑和草本杂交桑的桑树品种结构。家蚕品种的遗传多样性表现为卵、幼虫、茧、蛹、蛾、丝腺体的形状、形态、色泽、斑纹等方面的多样性。养殖鱼类以加州鲈、鲫、鳜、太湖白鱼、太湖银鱼等为主。

3. 文化与民俗

随着吴江蚕桑业的发展，民间产生许多与此有关的风俗习惯，情趣淳朴。2008年9月28日，蚕桑生产习俗被列为吴江市（今苏州市吴江区）非物质文化遗产。2009年，蚕桑生产习俗被列为苏州市非物质文化遗产。

（1）小满戏

"小满戏"是盛泽先蚕祠的传统习俗，相传小满日是蚕神诞辰。俗话小满动三车（丝车、油车和水车），小满日前后，将开始缫丝，丝市即将转旺。先蚕祠落成后，盛泽丝业公所为祈祷蚕茧丰收，每年小满时节，在先蚕祠戏台酬神演戏3天。江浙各地蚕农、丝商云集盛泽，到先蚕祠进香看戏，盛泽小满戏由此得名。

（2）双杨会

双杨会是跨省、跨县的水上盛会，每10年举行一次，始于清中叶。双杨会源于震泽镇东北五里许的双杨村。原来传说该村的城隍菩萨灵验，每10年要出巡体察民情，于是有了出会之举。实际上双杨是吴江的重要蚕桑基地，村里无家不桑，无人不蚕，缫丝技巧娴熟，所产生丝细匀洁韧、光白晶莹，为湖丝中的上品。

（3）蚕花节

蚕花节是每年祈求蚕事丰收的盛事。自2013年开始每年在震泽镇举办，已连续举办11届。蚕花娘娘"降临"古镇，沿古街巷道巡游，浩浩荡荡的巡游队伍举着"天蚕下凡""十二生肖"等各色大旗，开始环绕古镇的巡游仪式。队伍里，震泽蚕农扮演着蚕花妹妹、八仙过海、花船蚌壳等充满民俗风情的角色载歌载舞，精壮的小伙子们奋力舞龙舞狮，欢歌对这一年的美好憧憬。

苏州常熟鸭血糯稻作文化系统

　　苏州常熟鸭血糯稻作文化系统位于常熟市，是以鸭血糯种植为主体，在发展过程中逐步演化形成的农业文化生产系统。常熟鸭血糯自清朝培育，距今已有300余年历史，曾被列为皇宫御膳的"御米"之一。常熟地区水稻品种的引进和改良时间早、水平高，使其能适应苏州各种水土气候而成为不同品种，在全国处于领先地位，其米粒饱满、口感鲜美，营养价值极高，达到国家绿色食品标准，现被誉为"江南第一米"。血糯文化体现在团圆之意和温暖之色两个方面，其朴实无华的饮食关切，蕴含着中华文化中含蓄而厚重的情感。2022年，该系统入选江苏省第二批省级重要农业文化遗产名录。

1. 自然地理概况

常熟地处江南水乡，素有"江南福地"的美誉，是吴文化发祥地之一。常熟位于江苏省南部，由苏州市代管的县级市。常熟属亚热带季风气候，四季分明，气候温和。一年中，夏季多东南风，炎热多雨；冬季偏北风，寒冷少雨；春秋两季常出现冷暖、干湿多变的天气。常熟地处长江流域下游水系，属太湖水系。境内水网密布，湖荡较多，河港纵横。种植区域属长江三角洲平原，土壤类型以太湖流域典型的鳝血黄泥土、乌杉土、乌黄泥土为主，有机质含量高，具有土壤肥力高、保水保肥、耕性好的特点。

鸭血糯为常熟特有的水稻品种。简称血糯、又叫补血糯、红莲糯，清代被列为贡品，又有"御米"之称。

常熟鸭血糯种植区域为常熟全境，分布范围为虞山街道、常福街道、琴川街道、莫城街道、碧溪街道、东南街道、梅李镇、海虞镇、古里镇、沙家浜镇、支塘镇、董浜镇、辛庄镇、尚湖镇，合计14个镇（街道），339个行政村（社区）。境内有尚湖生态湿地、昆承湖生态湿地、南湖荡生态湿地、官塘湿地，望虞河穿境而过，自然环境秀美，是典型的江南水乡。据常熟市人民政府公告（2021）为1 400公顷，年总产量可达4 400多吨。

2. 技术体系与景观特征

（1）鸭血糯育种技术

常熟地区水稻品种的引进和改良时间早、水平高，使其能适应苏州各种水土气候而成为不同品种，在全国处于领先地位。两宋时期，水稻品种已经相当丰富，有学者统计明代太湖地区有水稻品种近196个（扣除重复），清代更增加到380个。清末民初修纂的《重修常昭志》卷十五《物产志》中记载了包括鸭血糯在内的水稻品种有78个。常熟以优质高产水稻育种为重点，不断加大科技创新力度，在培育高产品种的同时注重优质食味稻米的育种工作，培育出江苏省级审定的鸭血糯品种"矮秆鸭血糯"，适宜在本区域推广利用。

（2）鸭血糯种植管理技术

《常昭合志》记载："历史上，各地血糯品种繁多，其中以常熟鸭血糯最为名贵。"正宗的常熟血糯种植于虞山脚下，用泉水灌溉成熟，产量甚少，极为稀罕，成熟时谷壳暗褐黄色，米皮紫红，米心白暗紫色，米粒细长，色泽殷红，粒质透明，成品紫红色。

在总结鸭血糯古法栽培基础上，结合现代水稻标准化种植管理技术，目前已形成常熟鸭血糯标准化栽培和技术，并于2021年成功申报"常熟鸭血糯"农产品地理标志。

（3）鸭血糯加工和食用技术

鸭血糯除作为优质大米、贡米直接食用外，常熟地区还出现大量具有地方特色的鸭血糯加工食品。王四酒家、山景园二老字号店以血糯、白糯为主料，佐以其他配料，在民间流传工艺基础上，用独到的方法创制出口味独特的血糯饭，最为正宗，有百余年历史，名满江左。

血糯八宝饭的制作工艺：加工时用上等白糯掺入适当比例的优质血糯，一般血、白糯之比为3∶7，这样的配比黏性适中。将两种米充分搅拌混合后洗净，放入清水中浸泡，捞出后沥干水，置放笼屉内蒸熟，辅以糖桂花、蜜枣、白糖、猪油等佐料，装盒后再回蒸，至酥烂起糯性为止。装盆时周围放糖水莲心增色。

此外，利用鸭血糯为原料生产血糯冰淇淋、血糯月饼、糕点、血糯米酒、血糯桂花酒等。

（4）生态特征

生物多样性：常熟鸭血糯稻区具有丰富的生物多样性。系统内的水稻、水八仙等具有丰富的遗传资源多样性。常熟又为水网地区，水产资源十分丰富，有出自长江的鲥鱼、刀鱼、青虾等，出自内河的有鲫鱼、草鱼、鲢鱼、鳊鱼、青虾和阳澄湖大闸蟹等。从稻田生境看，鸭血糯稻喜温、喜湿、喜光，伴生植物较多的有稗草、水蓼、三角草金鱼藻等。

生态系统功能：鸭血糯稻区的生态系统在水源涵养、土壤保持、气候调节、环境净化、生物多样性保护等方面也具有重要生态功能。同时作为太湖流域湿地水生态的重要组成部分，既发挥反哺工业的重要生态补偿功能，同时也在展现江南农业景观、开展农文旅融合方面发挥重要的功能。

（5）景观特征

目前，遗产地内近十个以鸭血糯为主要内容的稻作文化展示和生产区，绘制一幅幅稻米彩色图案，从远处眺望或者从高空俯视，既有稻米现代化标准化生产场景，又具有独特的江南水乡和古朴、自然、野趣的田园风光韵味，美不胜收。鸭血糯稻作系统中，错落分布水乡古村落。其中，海虞镇七峰村、古里镇坞坵村分别被评为省级、市级特色田园乡村。

3. 文化与民俗

血糯虽不与红米等同，但血糯却自红米经年繁衍变异而来。血糯的名称来源多样，但从颜色和性质上看，红米与血糯确为前世今生的关系。若追溯血糯的源头，《国语》中有"吴王夫差还自黄池，息民不戒，越大夫种乃倡谋……今吴民既罢，而大荒，荐饥市无赤米，而囷鹿空虚，其民必移就蒲蠃于东海之滨"，这是说自战国时期，市面就有红米出售。

在诗歌中，红米、红稻亦多为吟咏的对象。唐白居易《小草亭》："绿醅量盏饮，红稻约升炊。"唐王建《荆门行》："看炊红米煮白鱼，夜向鸡鸣店家宿。"此外，唐诗《山中里》亦有："青泉碧树夏风凉，紫蕨红粳午饙香。"宋陆游《雨中夕食戏作》云："粳粒微红愧食珍，蕨芽初白喜尝新。"另作有"红饭青蔬美莫加，邻翁能共一瓯茶"，可谓是红米饭的绝佳爱好者了。宋王禹偁《送李著作》中有言："饭馈海陵红稻软，鲙擎淮水白鱼肥。"苏辙《山村》："旋舂红稻始经镰，新煮黄鸡取次甜。""饭软莫嫌红米贱，酒香故取泼醅浑。"郑板桥《喜雨》："共说今年秋稼好，碧湖红稻鲤鱼肥。"清代谢墉在《食味杂咏》写诗赞叹道："京畿嘉谷万邦崇，玉种先宜首善丰。近纳神仓供玉食，全收地宝冠田功。泉溲色发兰苕绿，饭熟香起莲瓣红。人识昆仑在天上，青精不与下方同。"可见血糯自古以来广受盛誉，正如范成大所赞叹的"红莲胜雕胡"。红军歌谣中亦见红米的身影："红米饭，南瓜汤，秋茄子，饭好香，每顿吃个精打光。"朗朗上口的韵律节奏中体现出红米饭的革命文化气息。

在清代皇皇巨著《红楼梦》中，血糯以"胭脂米"为名两次登场，且都颇具艺术感染力。一次是在五十三回《宁国府除夕祭宗祠，荣国府元宵开夜宴》，乌进孝交租的列单上有记载："胭脂米二石"，而"下用常米一千石"，另有山珍海味数百上千，几番对比尤显"胭脂米"的珍贵。还有一次是在第七十五回，贾母吃了半碗"红稻米"粥，留下半碗令给凤姐儿送去。参想以贾府之地位和财力竟至于分食一碗粥，只可想见曹雪芹意在突出"胭脂米"的价值。

日常生活中，血糯文化体现在两个方面：一取其团圆之意，二取其温暖之色。团圆之意源自江南一带的节庆习俗。每逢团圆佳节，如除夕、中秋等，江南人家餐桌上多有"八宝饭"。"八宝饭"以血糯、白糯为主料，佐以糖桂花、蜜枣、白糖、猪油等辅料，聚散粒于碗中，倒扣盘中，制成浑圆规整的形状。形聚、色暖、光亮、味甜，给佳节增添暖意和喜庆色彩。鸭血糯含铁丰富，具有滋补功效，尤其因其色泽红润，给人一种触目即天然而温暖的感觉。"食补"虽联结"食"与"补"，但两字蕴涵的深意千差万别。以白饭比"食"，血糯比"补"，白饭则体现生存需要，而血糯则体现为情感需要。一碗飘散热气的血糯粥，在生活中多成为父母与子女、夫妇之间情感的传送带，凝聚的是无言的温情与浓浓的爱意。朴实无华的饮食关切，象征着中华文化中含蓄而厚重的情感侧影。

南通海门枇杷山羊种养农业系统

南通海门枇杷山羊种养农业系统是以南通市海门区山羊养殖和枇杷栽培为核心的传统农业生产系统，以及该系统在生产过程中孕育的生物多样性、发挥的生态系统功能和呈现的人文、自然景观特征。该系统以"山羊养殖+枇杷栽培"为核心，形成立体种养模式。在这种模式下，山羊的粪便可以作为枇杷树的有机肥料，而枇杷园也为山羊提供了良好的生态环境和饲草资源。通过加强枇杷一二三产业融合发展，打造海门枇杷文旅品牌，彰显了"百年枇杷，十里羊场"的独特魅力。该系统保护与利用是以海门街道天籁村生态主题庄园等为核心、整个海门为保护区范围，2022年入选江苏省第二批省级重要农业文化遗产名录。

1. 自然地理概况

海门是全国著名的科技之乡、教育之乡、纺织之乡、建筑之乡、平安之乡和生态之城，是清末状元、著名实业家、教育家、被习近平总书记称为"爱国企业家典范"的张謇先生故里。海门区属北亚热带季风气候区，四季分明雨水充沛，光照充足，适应各种动植物的生长。海门区属长江三角洲冲积平原,地势平坦,地表平均海拔4.96米。海门区土壤属浅色草甸土系列,土地肥沃,土壤质量良好,土层深厚,适宜性广。河网密布,水源充足。近年来,海门的"四色"宝豆(大红袍赤豆、大青皮蚕豆、绿皮绿仁大青豆、白扁豆)、"四青"作物(青蚕豆、青花生、青玉米、青毛豆)、"四特"瓜果(海蜜甜瓜、青皮青肉菜瓜、草莓、枇杷)、"四特"蔬菜(香沙芋艿、山药、香芋、洋扁豆)、海门山羊等一批具有地方特色的优良品种不仅丰富了海门的菜篮子,更成了农业增效、农民增收的主要来源。

2. 海门枇杷发展现状

枇杷树四季常青、寒冬开花、果实金黄,寓意美好,是海门人民喜欢种植的果木品种之一。海门枇杷现有以"白玉""冠玉"为主的白沙枇杷和以"玫瑰红"为主的红沙枇杷两个系列。目前,全区枇杷种植面积2 160亩,已建成天籁村、红阳、丰盛、光荣等规模化生产基地,年产量约1 600吨,年产值约3 860万元。

在枇杷生产的长期实践中,海门劳动人民通过不断嫁接和试验,改良枇杷品质。天籁村内的百年枇杷树也是经过几代人嫁接改良而成,有的最多嫁接过5次。枇杷古园的状元牌"大白玉兰"(白沙)和"玫瑰红"(红沙)两个枇杷品种在江苏优质水果评比中获得特等奖1项、金奖3项。

3. 海门山羊的发展现状

海门民间素有饲养山羊的传统。经过多年发展，海门山羊养殖及加工产业在畜牧业中比重逐年递增，逐步走上了规模化养殖、标准化生产、品牌化销售、产业化经营的发展之路，成为海门农民致富增收的支柱产业之一。

全区海门山羊饲养量保持在100万只左右，年产值约12亿元。区内建有保种繁育研究所1个、良种繁育场4个、规模羊场322家、山羊产业企业9家、山羊专业合作社20多家。有山羊屠宰场4家，商品活羊年交易量56万只；山羊肉深加工企业4家，年深加工山羊36万只，年产红烧海门山羊肉7 200吨。2010年海门获批江苏省唯一山羊产业基地，海门山羊肉被国家质检总局确认为国家地理标志保护产品。2011年海门山羊被农业部确认为国家地理标志农产品。2013年"海门山羊"商标被国家工商总局确认为区域性集体商标。2019年海门获评"海门山羊中国特色农产品优势区"。2022年海门山羊"小耳朵"品牌成功注册。

4. 技术体系与生态景观特征

（1）传统的枇杷栽培技术和管理方式

枇杷喜温暖湿润气候，适于在年均气温15℃以上的地区生长，实生、嫁接或高空压条繁殖均可，年降水量800～2 200毫米的地区均能正常结果。海门枇杷种植一般选择背风向阳处，紧邻池塘、水沟等水体附近，或庭院及房前屋后等小气候区。

枇杷嫁接和修剪技术：枇杷嫁接适宜时间为春季2—4月或者秋季9—11月，选择晴天进行，可用实生苗或石楠作砧木，从成年树中部外围剪取芽眼饱满、生长充实的一、二年生枝梢做接穗，每个接穗留芽1~2个，使用切接法嫁接，嫁接后用薄膜包扎固定，注意检查成活情况。枇杷初花发育和采果后通常不修剪，只需将紊乱枝剪去，切不可剪掉枝条顶端。夏季修剪以通风透光、增强树势为主，主要修剪重叠枝、病虫枝、枯枝等，对已萌芽的春梢侧枝保留1~2个枝梢，疏除弱枝。

枇杷栽培技术：根据多年的生产实践，海门人民总结形成了枇杷丰产优质栽培管理技术，主要包括选择良种，合理建园与定植；科学矮化整形，培养早丰产树冠；按需平衡施肥，合理排灌水分；生草与覆盖相结合，有效管理土壤；合理修剪，促进矮化丰产；精细疏花疏果，保障果实质量；适时合理套袋，提高果实商品性；多方措施，有效防冻，无公害综合防治病虫害；适时采收与保鲜等。

（2）海门山羊饲养技术

传统山羊饲养技术包括海门山羊杂交优势利用、山羊繁殖技术、提高羊繁活率和出栏率、山羊饲料秸秆处理加工技术、疫病防控技术等。海门山羊的羔羊断奶后进行育肥饲养，育肥饲养前应根据断奶羔羊体重大小、体格强弱等进行合理分群，制订方案，落实饲养措施。养殖密度一般为2只/平方米左右，每栏饲养山羊15~20头。多花黑麦草、花生藤、蚕豆皮、玉米皮等都是海门山羊育肥的好饲料。

（3）农业生态景观特征

生物多样性保持：山羊生态种养系统枇杷树下放养海门山羊、鸡、鸭、鹅等畜禽体现了种植、养殖区域的生物多样性，拥有独特优良的枇杷树资源，促进系统稳定发展演进。这些传统地方品种多样性的维持也是农业文化多样性的基础。

林果畜禽立体种养生态体系：海门农民将枇杷种植和山羊等畜禽养殖结合起来，形成了独特的海门山羊生态种养系统，其基本结构是"林果业（枇杷）畜禽业（山羊）"立体种养，构建了"林（果）、草、畜禽养殖单元"相互联系的立体生态农业体系。

枇杷林下养殖：海门山羊以及鸡鸭等畜禽，山羊以杷树叶杂草等为食，既可改善山羊的肉质，也可防止枇杷园中杂草丛生，同时山羊等畜禽的粪便也给枇杷提供了很好的肥料，形成"栽种枇杷树—生态养羊—羊吃落叶—粪便还田—树上产优质枇杷—树下产生态山羊"立体种养的高效循环经济提高了土地利用率，达到资源、生态、效益的协调统一。同时海门山羊生态种养系统与周边环境完美融合，可实现生态种养科普教育与农旅观光有机结合。

天籁村枇杷文旅产业：天籁村生态主题庄园位于海门街道主城区北部，G345绕城公路北侧，G40高速海门出口处，总面积近千亩。园区规划功能区域分为状元故里枇杷观赏区、生态养殖区、四时水果采摘区、垂钓露营区等。其中枇杷园占地约800亩，着力传承发展枇杷山羊生态立体种养，加强枇杷一二三产业融合发展，打造海门枇杷文旅品牌，彰显"百年枇杷，十里羊场"的独特魅力。

5. 文化与民俗

海门山羊文化突出，有吕洞宾与海门山羊的传说、陈朝玉选育繁殖海门山羊等。海门民间还把山羊编成童谣："一只羊，两只角，三峰毛，四条腿，五官美，六堆草，七（吃）得饱，八长毛，九长膘，十月卖羊买棉袄。"随着海门山羊产业的不断发展，海门区委区政府以"羊"为媒，在全国征集到"千年海门一品山羊"宣传标语，赋予海门山羊历史的厚重感和丰富的文化内涵；开发"开泰田宿羊家乐，鱼羊美食天下鲜"系列"羊家乐"农文旅活动；打造三厂镇为全省唯一的山羊文化小镇，建成了山羊文化广场、山羊博物馆。2011年以来，已先后成功举办"中国海门山羊节""伏羊节""吃羊肉·逛家纺千车万人游海门""羊家乐田园风光游"等系列活动，观斗羊、赛厨艺、品羊肉、论发展，营造了非常浓厚的羊文化氛围。

连云港赣榆区夹谷山茶果林复合系统

连云港赣榆区夹谷山茶果林复合系统位于连云港市赣榆区，是夹谷山先民与自然和谐相处尊重自然、顺应自然而创造的农业文化遗产。赣榆区素有"黄海明珠""徐福故里"之美名，赣榆城临海而建、逐海而生，是江苏近海亲海第一区，夹谷山土壤肥沃、水流清洌，在夹谷山，人们种植以茶、栗为盛，茶叶、板栗、樱桃等茶果林的间种模式，在农产品增产的同时也大大提升特色农产品品质。与此同时，赣榆区的人民在经年累月的种植中还筛选出夹谷茶、赣榆板栗、赣榆芦笋、赣榆花生等别具特色的农遗良品。2022年，该系统入选江苏省第二批省级重要农业文化遗产名录。

1. 自然地理概况

赣榆区隶属江苏省连云港市，地处苏鲁交界的黄海之滨海州湾畔，素有"黄海明珠""徐福故里"之美名，赣榆城临海而建、逐海而生，是江苏近海亲海第一区。气候属暖温带海洋性季风气候，春、夏、秋、冬四季分明。赣榆年平均气温13.2℃，全国渔业百强县之一的赣榆拥有62.5千米的黄金海岸，23万亩滩涂面积，拥有全省最长的沙滩海岸，盛产黄鱼、梭子蟹、东方对虾、紫菜、贝类等30多种海珍品，境内河道纵横，水资源丰富。

赣榆山区、平原、沿海各占1/3，山川秀丽、土地肥沃、资源丰富，素以"享山川之饶，受渔盐之利"的鱼米之乡而为人称道。连云港赣榆区班庄镇夹谷山茶果林复合系统位于夹谷山地带，夹谷山山谷深邃，树木葱茏，风吹石洞。在夹谷山先民的辛勤耕作与种植发展中，夹谷山地带，夹谷春茶、板栗林木、樱桃果树在山坡和谷间齐整生长、交互滋养、相映成趣，形成契合夹谷山自然生态、融合夹谷山渊远文脉、促进夹谷山经济发展的茶果林复合系统。而夹谷山也反馈人类以万物生灵、丰裕硕果、悠长文明。于生态，遗产地独特的茶果林复合种植模式可以有效改善区域的生态结构，例如，果树的树叶掉落之后，通过生物作用进入土壤，能够有效增加土壤肥力，同时植树本身也有助于保持水土；于生计，夹谷山中，人们种植以茶、栗为盛，茶叶、板栗、樱桃等茶果林的间种模式，在农产品增量的同时也大大提升特色农产品的品质，而高品质带来高收益，近年来，赣榆创造的农产品品牌效应，极大改善了农户生计；于文明，遗产地不仅是春秋战国时期齐鲁会盟之地，也是近代中国红色基因的汇成地之一，几千年来，勤劳敦厚、敢想敢干、智慧和谐的精神文明一直被赣榆人民所践行和传承。

2. 技术体系与生态景观特征

农业文化遗产地具有显著的复合系统特征，强调系统内多个组成部分间的整体性及相互作用，在夹谷山，便有以茶、果、林为核心要素，分别种植在不同区域、发挥着差异作用，但共同服务于整个系统的农业文化遗产。一眼望去，夹谷山中，绿荫层叠。在山顶，始终保持着茂密的森林植被，确保山顶水源的常年充足，也能够起到稳固山体，防止滑坡、泥石流等自然灾害的发生；在森林之下的山坡之上，土地被人们开垦成梯田状，用来种植茶叶，能够起到保持水土的作用；而与茶园接壤的缓坡便种植着板栗、樱桃等。正所谓根据土壤和植物自身特性而制宜，形成一山多景的名胜景观。

夹谷山茶盛林茂果肥，果栗皆带茶香，同时，夹谷山中土壤肥沃、水流清冽，如此种种皆与其独特的茶果林复合种植模式息息相关。首先，高大的果树林木能适当遮挡阳光暴晒，降低地表温度。茶树喜阴，如此间种，能够有效提升茶树的存活率和生长速度。其次，树的落叶，可以增加茶有机质，增加土壤的肥力状况，改善茶树的生长环境，提供具有绿色价值的肥力原料。再次，此种植结构能够改善茶叶的品质，增加茶叶产量，茶园间作之后，能够有效改良茶园的土壤，减少水土流失，保持土壤中的水分含量，同时改善整个茶园的生态环境结构，增加茶叶中氨基酸等有效营养物质的含量，同时提高茶叶的品质，增加茶叶的产量，实现茶园的高产和优质。最后，茶果林的种植模式可以充分利用独特的景观特征发展乡村旅游。众所周知，现代旅游业不断发展，茶叶种植栽培也不仅是为了采摘茶叶，还可以利用独特的景观特点跟乡村旅游业结合起来，实现茶旅结合。通过在茶园中种植水果，来提高茶园的观赏度，吸引游客来观光旅游，不仅可以带动茶叶本身的销量，同时还可以增加附加值，实现旅游餐饮住宿等多方面的收入。

赣榆茶果林复合经营模式是运用时空排列法，充分利用茶树的耐阴特性，有目的地把多年生林果与茶树组合在同一土地经营单位上,形成既能促进林果、苗木生长,又利于茶园发展的局面。该模式充分发挥土地潜力(土壤、空间、光热、水、气等),保持生物与环境之间、生物与生物之间平衡,既促进了茶叶品质、产量和效益的提高,又建立了动态的生物多样性平衡体系,有效地推动了林果苗木壮大发展进程。

复合经营模式中关键的环节是科学选择好适当的物种,充分利用物种之间相生性,避免相克性,使各物种之间关系协调,物质流、能量流畅通,效益发挥最大,另外在物种选择时要做到因地制宜,并且要与当地主导产业结合,产生规模效益。良好结构的林果茶复合经营模式能够保存现有森林覆盖率,保持水土、改良土壤、提高土地利用率和系统生产力,获得更高、更多、更稳定的产品及生态和经济效益。

除了连云港赣榆区班庄镇夹谷山茶果林复合系统的"人与自然和谐相处"的复合种植理念之外,手工炒茶是让赣榆茶叶闻名遐迩、远销海外的关键技术,夹谷茶整个炒制加工过程全靠手工操作,炒茶师傅的双手在90℃以上的铁锅里不停地焙弄翻炒,凭着手感掌握温度,靠的是适时地进行炒、揉、团、搓,做到手不离茶、茶不离锅,全是手上功夫。在经验丰富的茶工手下,焙制出的都是高级优质茶,功底差的只能焙制三四级以下的茶。一个炒茶工每小时至多只能制作7两上等的夹谷茶。

3. 农遗良品

夹谷茶:赣榆有四五个山区乡镇产茶,年产量约4万斤,但仍以夹谷山所产的"夹谷春""圣人茗""闻莺茗"为最佳。中国著名茶叶学家、全国茶叶专家鉴定组组长张恒堂先生评说:"夹谷茶,外形,条索细紧略弯,色泽绿润;香气,高鲜纯;颜色,嫩绿微黄明亮;滋味,醇厚且甘;叶底,嫩黄翠、绿明亮。"由于夹谷山地理位置独特,昼夜温差大,茶叶吸收光照足,且养分不易挥发,因此,张先生赞誉夹谷茶较之江南名茶所含矿物质更多更耐泡。

赣榆板栗：板栗不但是良好的食品，还极具药用价值。然而，一方水土滋润一方物产，赣榆独特的土壤结构，使这里的板栗既为"肾之果"，更有"益气、厚肠胃、补胃气"之功能。至今，这里的婴幼儿闹肚子一般不去求医，只需吃几粒熟板栗，便可病愈。

赣榆芦笋：赣榆是我国重要的芦笋生产基地，是全国著名的"芦笋之乡"。芦笋又名石刁柏、龙须菜，它口味清爽香郁，肉质细嫩洁白，可生吃凉拌，也可为多种名菜的配料。尤其是在医学上，芦笋有暖胃宽胸、利尿、益肾的功能。经常食用芦笋，有治疗心脏病、高血压、血管硬化以及抗癌作用。

赣榆花生：赣榆花生颗粒饱满，赣榆花生不仅具有很强的食用价值、药用价值，作为重要的油料作物，花生的出油率远高于其他油料作物，出油率高达45%～50%，而大豆则为14%～16%，即使是转基因大豆，出油率也仅为18%左右。

常州焦溪二花脸猪养殖与文化系统

二花脸猪养殖主产区在常州武进郑陆镇（焦溪），常州养猪历史久远，盛行于2 000多年前的季礼隐居舜山；明代万历年间，焦溪古镇及其周边地区出现了"寿"字形头脸和性情温顺的大花脸猪；清朝中期，大花脸猪与米猪杂交产生小花脸猪，小花脸再与大花脸回交，持续选育成如今享誉世界的"国宝"猪种——二花脸猪，也称焦溪猪、弥陀佛猪。二花脸猪在当地气候环境和饲养技艺等因素综合作用下，经历代老百姓长期养殖、持续选育，形成产仔多、母性好、使用寿命长等性能特点。常州焦溪二花脸猪养殖与文化系统的运作模式注重品种保护与选育、养殖技艺与饲料管理、疾病防控与养殖环境、文化传承与品牌建设，以及产业融合与可持续发展等多个方面。2022年，该系统入选江苏省第二批省级重要农业文化遗产名录。

1. 自然地理概况

二花脸猪养殖主产区常州武进郑陆镇（焦溪）、横山桥镇位于北亚热带北缘，属海洋性气候，热量丰富，雨量充沛，四季分明，无霜期长，土壤中有机物质及锌、硅、锰、硼等微量元素含量丰富，适宜各类农作物生长。产区自然生态环境及丰富的饲料资源为二花脸猪品种、养殖技艺的形成和产业发展提供了优越的条件。综合以上，二花脸猪主产区优越的地理环境、气候条件和经济发展，均对二花脸猪养殖及技艺、文化系统形成具有很好的推动作用，尤其适合勾勒以农业为基础、旅游为推手、文化为灵魂的遗产地农文旅融合特色产业。

2. 二花脸猪特征

常州养猪历史久远。而焦溪舜山养猪，始于4 000多年前的虞舜南下巡猎，盛行于2 000多年前的季礼隐居舜山。据《焦溪县志》（1984年）记载，明代万历年间，焦溪古镇及其周边地区便出现了"寿"字形头脸，肚圆下垂，耐粗饲、性情温顺的大花脸猪；清朝中期，大花脸猪与米猪杂交产生小花脸猪，小花脸再与大花脸回交，持续选育成如今享誉世界的"国宝"猪种——二花脸猪，也称焦溪猪、弥陀佛猪。

（1）体貌特征明显

头脸部皱褶多而深，呈"福"或"寿"字形，大耳盖脸，鼻嘴短阔，体毛稀皮厚白，当地百姓喜称弥陀佛猪,是养殖区人们祭祀、节庆活动(如冬至祭祖、还年礼)等必备吉祥物品,取意福寿吉祥,表达孝敬祖宗之心。

(2)繁殖能力强

二花脸猪在当地气候环境,饲养技艺等因素综合作用下,经历代老百姓长期养殖、持续选育,逐步形成高产仔、母性好、使用寿命长等性能特点。二花脸母猪初产仔数为10~12头,经产则高达15头以上,最高纪录窝产仔数为42头,是当之无愧的世界产仔之王。因此,二花脸猪养殖被称为焦溪当地农副业三宝之一(养猪、制肠衣、做蒲包),是农耕时代当地农民的主要经济来源。

(3)耐粗饲

二花脸猪的驯养过程与当地农作物生产紧密关联。江南农耕业发达,物产丰富,农作物副产品是二花脸猪的主要饲料,世代繁育中逐步塑造出耐粗饲的性能特点;而且,富有地域特色的养殖方式对二花脸猪生殖器官发育及高产仔产生了深刻的影响,为二花脸猪突出的繁殖性能奠定了基础。

3. 农遗良品

以二花脸猪特有养殖技艺生产的二花脸猪、猪肉及肉制品种类繁多,品质优良、特色鲜明,备受当地老百姓的推崇与喜爱,也是日常待客和重大事务的必备佳肴。

(1)二花脸猪

全身被毛黑色,体形中等,头大额宽有皱纹,耳大下垂过下颌,背腰软而微凹,腹大下垂，被毛稀疏短软；耐粗饲、适应性好，繁殖力高，被誉为"世界猪种产仔之王"。焦溪二花脸猪已注册原产地证明商标，获国家农产品地理标志认证。

（2）二花脸猪肉

一是皮厚，胶原蛋白丰富，益智养颜；二是肌间脂肪含量高，烹饪后细嫩多汁；三是富含天门冬氨酸和谷氨酸，熟制后香味浓郁，素有"一家煮肉十家香"的美誉。焦溪二花脸猪肉获中央电视台"阳光大道"特色农家菜金奖。

（3）二花脸猪肉制品

包含特色冷鲜肉（冷鲜肉、仔排、肉丸）、红烧肉（二花脸扣肉、红烧肉、红烧蹄膀、红烧猪爪、红烧排骨、红烧猪尾）、咸肉制品（咸猪腿、咸猪头、香腊肉）等。其中"焦溪二花脸扣肉"被列入常州市十大农家招牌菜。

4. 文化与民俗

独特的二花脸猪养殖技艺结合特定的自然生态环境条件，孕育出二花脸猪鲜明的种质特征、卓越的性能特点和璀璨的养殖文化。

中华文化博大精深，几千年的养殖历史，造就了二花脸猪养殖文化的世代传承。所谓"安猪安家安天下"，"家"字头下的"豕"（意为"猪"），足以诠释出猪对于人类文明的重要性。二花脸猪在常州文化历史发展的长河中，扮演着不可或缺的角色：如当地百姓敬祖遵礼，四时八节，二花脸猪因头脸呈"寿""福"字形，自然是供桌上"猪头三牲"祭品的主角；婚丧嫁娶，用二花脸猪烹饪的红烧扣肉更是必备大菜；因猪而生的"猪市"，借"市"而出的说唱文化等，都是市民大众休闲娱乐的重要载体；因二花脸猪衍生的民俗、谚语、遗迹众多，内容丰富多彩，故有"一头二花脸，半部焦溪史"之说。

另外，随着二花脸猪的世代养殖，逐步形成主产地独特的猪文化。如二花脸猪因头脸呈"寿""福"字形，寓意祖宗保佑、福寿绵长之意；二花脸猪性格温顺，产仔多，人畜和谐，在节庆、婚丧嫁娶时，以二花脸扣肉、红烧狮子头作为宴席压轴菜，寓意吉祥和谐、多子多福；长此以往形成风俗，"焦溪二花脸扣肉"也成为百姓走亲访友的必带礼品；焦溪地区二花脸猪养殖历史悠久，因猪而兴的"猪市"也是上街闹市、说书唱戏等文娱活动的重要载体；因二花脸猪衍生的谚语、民俗、故事、遗迹等更是数不胜数，种类繁多，如"种田勿养猪，等于秀才勿读书"等。

南通海安南莫青墩圩田农业系统

南通海安南莫青墩圩田农业系统是伴随海安成陆、青墩人民治水开荒，在农田水利、农耕习俗、民居格局和农业地貌等方面逐步形成的一个完整体系。"青墩"是指一块高岗，草木葱茏，四面环水。海安南莫青墩，俯而视之，圩田形如棋盘，田方地整，面积各异，杂糅东方美学中的齐整与混沌于一体。"靠山吃山，靠水吃水"，青墩先民建圩植稻，在经历整地、种植、灌溉、积肥和收获等流程后，造就了海安青墩南莫圩田独特的"鱼米"农业模式，即圩上种田植桑，水中养鱼育蟹，集农业种养和日常生活于一循环体系之中。在"日出而作，日落而息"中留下了丰富的传统农耕技术和农耕知识，海安独有的自然资源禀赋也使该区域发展了海安大米、王花、南莫大闸蟹和海安河豚等特色农遗良品。2022年，该系统入选江苏省第二批省级重要农业文化遗产名录。

1. 自然地理概况

海安市位于江苏省中部，南通、盐城、泰州三市交界处，地处长江下游北缘、江淮平原和滨海平原之间。东临黄海与如东接壤，南和如皋市毗邻，西通泰兴、姜堰，北与东台相连。海安是江积、河积、海积平原，分别为古潟湖相沉积和黄泛冲积、海相沉积、长江冲积而成。地貌特征是地势低平，平原占78.3%；水网密布，域内河道纵横、沟渠稠密、湖荡众多。地处中纬度黄海之滨、北亚热带的北侧，受季风气候影响，气候温和，雨量充沛，日照充足，四季分明，常年主导风向为东南风、东风。

2. 海安南莫青墩圩田农业系统的特色

海安南莫青墩圩田农业系统既由青墩先民所创造，其本身也不断地反馈农业、农民和农村，在农业技术创新、农户生计保障、生态物种繁荣、农耕文化传承等方面皆有着重要意义。在农业技术创新方面，青墩先民拓河、堆田、种稻，留下一套集合了当地先民农耕智慧的技术体系，对当代农业技术创新具有重要的启示和借鉴参考作用；在农户生计保障方面，海安南莫青墩圩田农业系统内的以海安大米、南莫大闸蟹、海安河豚等为代表的特色农产品具有显著的品牌效应，有效促进了当地农户增收；在生态物种繁荣方面，海安滨江临海，境内地势平坦，河沟纵横，土壤肥沃，为动植物生长提供了适宜的生态环境，同时，作为农业大市，海安种稻、棉、桑等作物的历史悠久，在稳定产量的基础上正不断促进新品种的更新迭代；在农耕文化传承方面，海安南莫青墩圩田农业系统的水稻种植可追溯到5 000多年前，在漫长的耕作历程中，留下了海安花鼓、唱凤凰、踏水号子等一系列非物质文化遗产。

3. 技术体系与景观特征

所谓"青墩"是指一块高岗，草木葱茏，四面环水的意思。于海安南莫青墩，俯而视之，圩田形如棋盘，田方地整，面积各异，杂糅东方美学中的齐整与混沌为一体，为人所赞叹。溯其源，海安南莫青墩靠江近海，由大地、大海和大江共同孕育，是一个江积、河积、海积平原区，由古潟湖相沉积、黄泛冲积、海相沉积和长江冲积的共同作用而成。作为江海交汇之处的文明起源地，数千年来，海安南莫青墩圩田接受着大江大海的潮起水落，经历着几千年的沉积和地壳上升运动，因此常有水灾泛滥。为方便生产生活，农民在圩墩高处建房，路沿水而布，房依水而建，逐渐演变成青墩民居的一大特色，房前屋后，开门见水，形成圩上居、圩下田的独特风貌，刻画了青墩特有的圩田肌理，极具乡土特色。简述其景观特性，海安南莫青墩圩田形块规整而不钝，红瓦绿地而不俗，其水网沟渠绕圩而行，线条婀娜，水、陆、田、家相得益彰。就是如此别具一格的结构特征，造就了海安青墩南莫圩田独特的"鱼米"农业模式，即圩上种田植桑，水中养鱼育蟹，集农业种养和日常生活于一循环体系之中，如此往复，生生不息。

圩上，基于江、河、海的共同作用，圩田由独特的沙性黏土堆积而成，土层深厚，土壤含有丰富矿物质，使得生产的稻麦无论是品质还是产量，都是普通大田种植不可比拟的。圩田作为次生湿地，水陆边缘效应明显，有马兰、枸杞、茭白、芦柴、野蒿子、蟛蜞、水杉等多种动植物，具有丰富的生物多样性。在如此特殊禀赋的土壤之下，勤劳的圩田农民培育出"海安大米""海安桑蚕茧"等一系列闻名于世的特色农产品；水中，青墩人民以船只建联起各田块，在化水灾为水利的基础上进行养鱼、养鸭、养蟹等养殖活动，基于其水草茂盛、水质清新的特点，更是由此养殖了"食得一口河豚肉，从此不闻天下鱼"的珍稀美味——"海安河豚"。

"靠山吃山，靠水吃水"，青墩先民建圩植稻，在"日出而作，日落而息"中留下了丰富的传统农耕技术和农耕知识，是海安南莫青墩圩田农业系统的重要组成部分。由于青墩圩田的独特地理特性，当地人以种植稻麦为主，同时种植棉花、桑树等经济作物。在数千年的稻麦种植经验中，青墩农民形成了一套以"整地、种植、灌溉、积肥、收获"为主要流程的具有闭环性质的传统农耕技术。

整地：所谓整地，就是在播种前对耕地进行整理，把土地进行耕、耙和平整。"人牛合作"是当地整地的主要模式，这里长久以来流传着"牛是农家宝"的俗语，正说明牛在整地、耕地、耙田、耥田过程中起的重要作用。

种植：首先从水田育秧开始，在谷雨前后，把稻种放在水里，浸泡3～5天，即"浸种"，等到稻种发芽之后，播种到准备好的小块水田（秧亩）里，进而成长为秧苗。落谷之后，在秧苗四周插上稻草人驱逐鸟类，并保持日常灌水，观察秧苗情况，若是苗情欠佳，还会采用"焚香催苗"技术进行秧苗催生。再经过近1个月后，将秧苗移植到大田中，即要进行"起秧"和"插秧"，而在此过程中还必须注重秧苗之间的距离，这就是当地老农民们所强调的"缺一苗补一苗，收获的时候多一瓢"。

灌溉：青墩水源丰富，水情特殊，农民们在进行田间灌溉时多秉承"饱水绽稻"的原则。当然，根据稻苗的长势，也会采取"搁田"做法，即把田里的水放干几天，使稻田里的土质保持一定的硬度，让秧苗长结实之后再进行灌水。在传统的灌溉技术中，以水车、风车和牛车为工具的灌溉方法是南莫人民最常使用的。

积肥：当地的积肥方式主要包括扒泥、拾粪、铲千脚土以及草木灰积肥。其中，最具海安南莫青墩圩田系统特色的便是扒泥。扒泥就是罱河泥，用河底的淤泥作为肥料，先是通过蒿子、自制的"扒口"等工具将河泥转移到泥垳子中，再加入收割好的黄花草、紫云英等放进泥垳子，用脚踏、钉耙、铁叉等形式将草与泥混合，进而还可以将其挑入方塘，一层层撒上黄花草、紫云英等促进发酵，这个发酵过程称为"窖草塘"，可以大大增加肥力。此外，极具地域特色与民俗风情的铲千脚土也是重要的积肥方式。

收获："掼床"和"稻机滚子"是南莫人民最常采用的脱粒工具。"掼床"类似于一张桌子，由五六根半寸（1寸≈0.033米）左右的竹片和两个高凳子与之共同组成，通过人工将稻穗向竹片上甩打即可脱粒；另外一种工具是"稻机滚子"，采用众人在一边踏车的模式使"机滚子"转动，"机滚子"另外一边众人依次将稻穗放在"机滚子"翻转，进而脱粒，此种脱粒方式效率更高。

4. 农遗良品

海安独有的自然资源禀赋决定了其特色风味物产，以"鱼"和"米"为最。海安的渔业物产最为著名的莫过于南莫大闸蟹和海安河豚，是人人食而赞之的具有浓郁海安特色的河鲜产品；海安的粮食生产主要集中在水稻和小麦两大种类，而海安大米更是体现海安农业高质量发展的重要名片。

海安大米：海安的水稻种植历史可以追溯到5 000多年前，基于海安气候湿润、土壤肥沃、水质清冽等特点，同时依靠"中国禽蛋之乡"的有机肥优势，海安生产的大米米粒饱满充实，柔软适口，米香宜人。在2014年，海安大米获得了国家地理标志证明商标。

王花：其实应写作黄花。吴方言，王黄不分，老人读成"王花儿"。它学名叫苜蓿。清明前后，开细小的黄花，因以得名。黄花可以作绿肥，又叫秧草。春天炒了吃，清香可口，安中利人。或者腌成咸菜，金黄灿烂，最宜喝粥，酸中带咸，生熟皆可。江南人家或酒家将其切碎蒸熟，上席待客，开胃佐酒，爽口得紧。

南莫大闸蟹：南莫镇境内河道纵横交错，沟塘星罗棋布，水草茂盛、水质清新、底栖生物丰富，是河蟹等甲壳动物生长的绝佳场所。南莫大闸蟹背青、肚白、爪金、毛黄、体壮，具有肉质细嫩、膏似凝脂、味道鲜美等特点。南莫镇专门成立了青墩大闸蟹专业合作社，促进青墩大闸蟹的全程绿色养殖。

海安河豚：海安河豚品质独特，口感鲜美，是海安的一大特色。海安作为国内最早进行河豚人工培育研究的地方，在2009年，被中国渔业协会授予"中国河豚之乡"的称号。并且，从当年起海安每年都会举办"中国海安河豚节"，吸引了数万游客、数十家媒体到海安品尝河豚，进行宣传报道。当前，海安河豚已然成为海安市的一张重要名片。

常州金坛建昌圩传统农业生产系统

常州金坛建昌圩传统农业生产系统位于常州市金坛区西北部的茅山革命老区乡镇——直溪镇，是太湖流域第一大圩，也是古代先民智慧与自然慷慨恩赐相结合的产物。建昌圩四面环河，一洲浮起，不仅风光旖旎，地貌独特，且文化底蕴十分深厚，物产丰富、文人荟萃、名人集聚，集圩文化、水文化、红色文化及农耕文化于一体。作为水圩文化的载体，建昌圩"道法自然"的设计理念，加上建圩过程中流传产生的许多美丽传说，以及历代文人墨客的诗词文章，形成了建昌圩典型的江南水圩文化。2022年，该系统入江苏省第二批省级重要农业文化遗产名录。

1. 自然地理概况

建昌圩农业文化遗产地位于江苏省金坛区西北部的茅山革命老区乡镇——直溪镇。现在的直溪镇是经2000年和2007年两次行政区域合并后由原直溪镇、登冠镇、建昌镇三镇合并而成。

建昌圩农业文化遗产地主要包括直溪镇东北部吕坵村、庄城村、蔡甲村、迪庄村、建昌村、巨村村6个村庄交会地区。建昌圩全长180多里（1里=500米），圩堤内水域面积约为12 500亩，10多万亩粮田。

建昌圩农业文化遗产地属于北亚热带落叶阔叶林湿润气候区，四季分明，气候温和，水热条件优越。圩内以地势较平的平原为主，地形相对平坦，是太湖平原的一部分，圩区整体呈南北走向，地势低洼，大部在海拔6米以下，湖荡众多，河道纵横。

圩是我国江淮低洼地区普遍常见的农业生产设施，是古代劳动人民在科学利用濒河滩地、湖泊淤地过程中发展起来的一种筑堤挡水护田的土地利用方式。圩上筑有涵闸，平时闭闸御水，旱时开闸放水入田，因而旱涝无虑，形成农业生产系统，该系统由汉以前的围淤湖为田发展而来，至唐代已相当发达。

建昌圩地区农业物种多样性丰富，区内主要种植粮食作物包括水稻、小麦、薯类、豆类；油料作物有花生、油菜、芝麻；主要经济作物包括棉花、茶叶、板栗、竹笋、棕片、乌桕、银杏、食用菌、中草药等；桑蚕养殖也是其重要农业类型；此外，还有种类丰富的水果蔬菜。

建昌圩地区不仅有丰富的农业生物多样性，圩区优越的水域资源环境与农业生物资源，还使建昌圩形成特色的水产生物多样性。建昌圩内天荒湖，水面达12 500多亩，四周芦苇萧萧，碧水连天，天荒湖中天然水草丰茂，水中浮游生物繁多，水域生态系统自成体系，湖内鱼、虾、蟹、螺、藻各类生物有机共生，其中，天荒湖内鱼类生物系统最为发达，农民利用天荒湖独特的优势，大力培育当地特色"青、草、鲢、鳙"传统鱼类品种，同时积极繁育长春鳊、黄鲇鲹、鳜鱼、银鲫、黄鲢等品种，极大丰富了天荒湖内水产生物的多样性。

2. 技术体系与景观特征

建昌圩河道纵横，整个区域可分割为若干块状地域，从圩堤向下远眺，错落有序，凸显大地景观壮美。圩堤外围东有庄城河，南有通济河，西有简渎河，北有上新河，"四面环水、一洲浮起"，成为水乡金坛一道独特的风景线。

圩堤内侧种植有水稻、油菜花、小麦、蚕豆等农作物，圩埂的梧桐树、榉树、栾树、朴树层峦叠嶂，充满生机，在不同季节，圩内农作物与各种植物呈现不同颜色，将建昌圩内外装扮得五彩缤纷、蔚为壮观，具有较高的景观价值与观赏价值，吸引着附近城镇居民前来游赏。

(1)"道法自然"的造圩思想

水圩在河湖众多的南方地区较多见,圩堤的建造形制和方式,因圩区大小和水势不同而各具特色,因此形成了博大浩瀚的水圩文化。建昌圩圩堤上所建的四闸八洞尤为精巧,它是根据来自茅山的水势和水路规律设计而成,当初的设计者独具匠心,把整治洪水和引水入圩巧妙结合,做到了能排能灌,一闸两用,确保圩内农业生产旱涝保收。古人这种设计理念渗透着"道法自然"的深刻思想,将此与苏南地区其他大圩进行比较研究,对现代农业水利工程的设计建设大有裨益。

(2)科学的农业耕作技术

勤劳智慧的建昌圩人,在千百年农业耕种实践中,针对建昌圩独特的水圩耕作条件,总结形成了一套科学、独特的农耕种植技术,既高产又有利于生态保护,创造了丰富的物产和灿烂的农耕文化。例如:根据芋头喜光爱磷、爱钾、耐湿的特点,当地农民在上年秋冬收获完作物后,把田地冬翻过来,让它闲置,在翌年清明节前5天至后5天种植完芋头,出苗2~3叶中除草一次,至生长子芋初,需追肥培土,将两垄之间的土挖起来培在垄上,一方面，长子芋需要土层，另一方面，深沟可以蓄水供芋头生长需要；同时，当地农民为充分利用当地土壤肥力，采取科学合理的"轮作制""蒜棉套种"模式，来恢复土壤中作物生长发育所需各种营养元素和防止病虫害发生，提高了土地的产出效率。

（3）完善的水圩管理制度

建昌圩自古以来就建有圩堤管理制度，解放前，建昌圩就有"抗洪大锣一声响，男女老少一齐上"的乡规民约，并成立建昌圩董事会，下设塘长（两塘）、圩长（十圩），分工负责，密切配合，各司其职。解放后，将圩董事会改为圩管理委员会，由乡镇领导和圩区有关村干部组成圩管会，按东南西北4个圩段，设有专职圩长，负责分段巡逻检查。为了应对抗洪抢险，乡镇人武部基干民兵成立了抢险突击队，应对突发洪水，以后体制调整或人事变动，基本上维持这样的管理格局。党的十一届三中全会后，为进一步管理好圩区水利设施，建昌圩又一次修订完善了规章制度，制度共五条：除险加固制度，做到专人定期巡逻，发现险工地段立即加固；圩堤维修制度，每年秋收以后进行一次冬季圩堤培修，制订方案全面加固；圩堤养护制度，圩堤四周不准乱种作物，不准取土和放牧；涵洞闸门使用制度，按规定水位启闭，按规定程序操作；评比奖惩制度，定期评比并奖优罚劣，召开大会公布于众。

3. 文化与民俗

建昌圩四面环河，一州浮起，不仅风光旖旎，地貌独特，而且文化底蕴十分深厚，人文活动丰富多彩。天荒湖芦苇萧萧，碧水连天，春有"桃花雨收三月天，新溪水发春绵绵"的水韵，秋有"断雁一声秋似水，远山百叠树如烟"的墨色，更有"手捻梅花诗已就，暗香残月满鱼竿"的书卷墨气。

（1）物华天宝的农耕文化

建昌圩总面积约为8.85万亩，自建圩至今，圩区人民勤劳耕作，培育出适合建昌圩所特有的小生态环境和土壤条件下栽种的农作物品种，如水稻、大蒜、蚕桑、红香芋等，其中最负盛名的是建昌大蒜和红香芋。此外，建昌圩农耕文化的内涵还包括：世世代代的农民与农耕文化相关的生产方式、生活方式、民俗风情等。

（2）多元融合的民俗文化

居住在建昌圩内的居民都是外乡迁移而来，远自晋鲁，近有淮扬，因此，建昌圩内的民俗乡风丰富而多样，譬如在春节，讲苏北话的百姓爱玩皮老虎，讲扬中话的百姓爱玩荡湖船，拜年的方式也有所区别。生活在建昌圩内的居民，他们相互融合、相互尊重、相互吸收对方的优秀文化元素，形成了建昌圩地区所特有的民俗文化，这种独特的文化现象在苏南地区实属罕见。

（3）浑然天成的水圩文化

建昌圩本身就是水圩文化的载体，圩堤和四闸八洞是依据茅山的地形、水势和水路的规律设计而成，设计者独具慧眼，把治水和引水入圩、灌溉排涝巧妙结合在一起，做到能灌能排，确保圩内农业生产旱涝保收，这种"道法自然"的设计理念，加上建圩过程中流传产生的许多美丽传说，以及历代文人墨客的诗词文章，形成了建昌圩典型的江南水圩文化。

盐城亭湖便仓枯枝牡丹栽培与文化系统

盐城亭湖便仓枯枝牡丹栽培与文化系统位于盐城市亭湖区便仓镇,便仓镇是一座见诸宋史的千年古镇,素有"牡丹之乡"的美誉。其历史可追溯到宋代,历经700余年的朝代更迭、人世沧桑,几番兴衰。在古典小说《镜花缘》以及明、清《盐城县志》中均有关于枯枝牡丹的描述和记载。便仓枯枝牡丹具有"奇""特""怪""灵"等艺术特征。2022年,该系统入江苏省第二批省级重要农业文化遗产名录。

1. 自然地理概况

盐城市地处北亚热带向暖温带气候过渡地带,气候受海洋影响较大,与同纬度的江苏省西部地区相比,春季气温低且回升迟,秋季气温下降缓慢且高于春温,年降水量也比本省西部明显偏多。季风气候明显,冬季受欧亚大陆冷气团影响,盛行偏北风且多寒冷天气;夏季受太平洋副热带高压影响,盛行偏南风且多炎热天气,空气温暖而湿润,雨量丰沛。辖境年平均降水量为1 014.7毫米,折合154.1亿立方米,平均年径流量39.6亿立方米,折合径流深260.7毫米,径流系数为0.26。盐城市全境为平原地貌,西北部和东南部高,中部和东北部低洼，大部分地区海拔不足5米，最大相对高度不足8米。分为3个平原区：黄淮平原区、里下河平原区和滨海平原区。

2. 便仓枯枝牡丹的艺术特征

（1）"奇"

便仓的枯枝牡丹叶绿枝枯花艳，无论何时，将其枝梗取下，放入火中，如干柴一般顿可燃烧，在枯枝上放花，被称为牡丹中的极品。

（2）"特"

枯枝牡丹唯有在便仓枯枝牡丹园内才正常开花，如将枯枝牡丹移植他地，或不开花或花开小而不艳，传说明朝有一伍佑盐官杨应广，悉元亨遗戍，他知道枯枝牡丹的奇异之处，非常喜爱枯枝牡丹的灵气，遂想方设法将枯枝牡丹移栽到官署中，但无论怎样栽都栽而不活，杨应广一气之下将其扔掉，卞氏后裔又将其取回栽至原地，枯枝牡丹竟然又枝舒叶茂，生机勃发。

（3）"怪"

据民间所传，枯枝牡丹开花时，其花瓣能应历法增减，农历闰年13个月，花开13瓣，平年12月，花开12瓣，形成规律性的单瓣牡丹，放花时节性较强，每年谷雨前后三日开始放花，花信儿准确无误。据有史以来的考证，此传说似乎还颇为应验，加以印证还颇为准确。

（4）"灵"

传说枯枝牡丹能感应世事时事，颇有灵性，严冬季节竟二度放花，枯枝无叶唯花独秀，开国大典、中华人民共和国成立十周年大庆、1972年恢复联合国席位、党的十四大、党的十六大召开等，枯枝牡丹均在严冬季节花开二度，傲霜立雪，枯枝上放红花。

3. 便仓枯枝牡丹的人文价值

（1）民俗文化价值

枯枝牡丹传说具有较强的民俗文化特色，象征着地方群众的精神追求、人生信仰和价值取向等，人们被枯枝牡丹威武不能屈、富贵不能淫、恶劣环境无所惧、挫折面前不低头的高尚境界所折服，地方群众已经把品德情操的塑造和做人的道德水准与枯枝牡丹的神奇传说相互印证。

（2）民间文学价值

枯枝牡丹传说深深根植于民间，具有较强的地方特色和浓郁的乡土气息，枯枝牡丹许多奇特怪灵的传说，既相互连贯，又别具一格，而且具有一定的民间文学烙印，比一般的民间传说蕴含了更丰富、更健康的文化内涵。

（3）传统文化价值

枯枝牡丹传说已成为一种传统文化，被地方群众所接受和传播，并成为地方群众对外交往的一张具有代表性的名片，得到了全社会的广泛认同，每年谷雨时节，在枯枝牡丹传说的影响和带动下，地方群众和国内外游客纷纷前来观赏枯枝牡丹，印证枯枝牡丹的神奇传说，盐城市亭湖区利用枯枝牡丹传说的独特影响力，已连续举办11届枯枝牡丹节，以花搭台，唱经贸大戏，为加快地方经济社会发展发挥了积极作用。

苏州吴中区环太湖流域林畜复合系统

苏州吴中区环太湖流域林畜复合系统位于苏州市吴中区，该区坐拥80%的太湖峰峦和60%的太湖水域，被誉为"太湖最美的地方"。林畜系统通过林、畜之间的循环互动，充分发挥了生产能力和生态功能，是太湖流域的"活化石"。吴中区是我国茶果间作、养蜂取蜜、养羊肥树等农业生产活动分布地，在农作物种植、畜牧养殖等长期农耕活动中形成了江苏吴中碧螺春茶果复合系统、中蜂—湖羊—枇杷种养结合的生态农业模式。环太湖流域林畜复合系统以"中蜂采蜜、枇杷盛果，羊粪肥树、枇杷果甜"为特征，在种养结合、维护生态平衡、物质循环利用和能量多级利用方面堪称完美，基本达到零污染，并为遗产地居民提供了大量生态、安全、优质的生活资料及大棚作物授粉蜂群等生产资料。环太湖流域林畜复合系统历经数千年的嬗变，积淀了丰厚的枇杷、中蜂和湖羊文化。2022年，该系统入选江苏省第二批省级重要农业文化遗产名录。

1. 自然地理概况

吴中区，位于苏州的地理中心，北与苏州古城、苏州工业园区、苏州高新区接壤，南临苏州吴江区，东接昆山市，西衔太湖，与无锡市、浙江省湖州市隔湖相望。地理坐标为东经119°55′~120°54′，北纬30°56′~31°21′。全境东西长92.95千米，南北宽48.1千米，总面积2 231平方千米，其中陆地面积745平方千米，太湖水域面积1 486平方千米，约占太湖总面积的3/5。

吴中区为太湖水网平原区的一部分，地势低平，水网稠密，湖荡众多。低山丘陵呈岛状分布在区内西南太湖沿岸的平原上或太湖之中，以阳澄湖为主的湖群偏集于东部，整个地势由西南向东北微微倾斜。全区平均海拔约为5米，穹窿山主峰海拔341.7米，为全区最高点。

吴中区属北亚热带湿润性季风气候类型，加上太湖水体的调节作用，具有四季分明、温暖湿润、降水丰沛、日照充足和无霜期较长的气候特点。

吴中区属长江下游南岸太湖流域水系的平原水网区，河港纵横，湖荡密布，为著名的水乡泽国。区域西衔太湖，东含阳澄湖与澄湖，北有望虞河连接长江，南有吴淞江沟通海域，京杭大运河纵贯南北，胥江、娄江横穿东西。20多条骨干河道汇合区域内20多个湖荡形成西引太湖、东入长江的自然水系，遍布区域内的塘、浦、河、港又串通其间，起着调引、蓄纳和吞吐的脉络作用，构成一个较为完整的湖荡河网系统。

2. 技术体系与景观特征

吴中区是我国茶果间作、养蜂取蜜、养羊肥树等农业生产活动分布地，在农作物种植、畜牧养殖等长期农耕活动中形成了江苏吴中碧螺春茶果复合系统、中蜂—湖羊—枇杷种养结合的生态农业模式。目前，区域内种植4万亩枇杷和碧螺春茶间种、饲养2万群中蜂和2 000只核心保种湖羊。碧螺春茶果间作与洞庭山、与太湖、与当地传统村落及历史文化遗迹等相映成趣，造就了"月月有花、季季有果、一年十八熟"的自然生态景观和山水人文画卷。寒冬里，枇杷树相连相倚，从远处眺望或者从高空俯视环太湖流域的东山镇和金庭镇，大片的枇杷花林跃入眼帘，美不胜收。靠近枇杷花，沁人心脾的枇杷花香扑鼻而来；枇杷树下，整齐排放着蜂箱，勤劳的小蜜蜂忙碌地携裹着枇杷花粉蜜往返于枇杷花和蜂箱之间。

环太湖流域林畜复合系统以"中蜂采蜜、枇杷盛果，羊粪肥树、枇杷果甜"为特征，在种养结合、维护生态平衡、物质循环利用和能量多级利用方面堪称完美，基本上零污染，并为遗产地居民提供了枇杷、枇杷蜜、枇杷膏、羊肉、湖羊羔皮、碧螺春茶等大量生态、安全、优质的生活资料及大棚作物授粉蜂群等生产资料。

农业生物多样性：系统内的枇杷、中蜂、湖羊等具有丰富的遗传资源多样性。吴中区是白沙枇杷原产地，枇杷以吴中区东山镇和金庭镇产者为佳，有白玉、冠玉、青种等。中蜂品种为华中中蜂，相较于其他地区华中中蜂，分蜂性较弱；行动敏捷、嗅觉灵敏，善于发现与利用零星蜜粉源，抗逆性较强，善于利用冬季枇杷蜜源，但在越夏阶段仍需要进行饲喂。主要蜜粉源植物有枇杷、茶树、柑橘、紫云英、苕子、油菜，丰富的蜜粉源为中蜂繁殖与发展提供了良好条件。

江苏省苏州市吴中区环太湖流域农耕生态循环系统生产模式

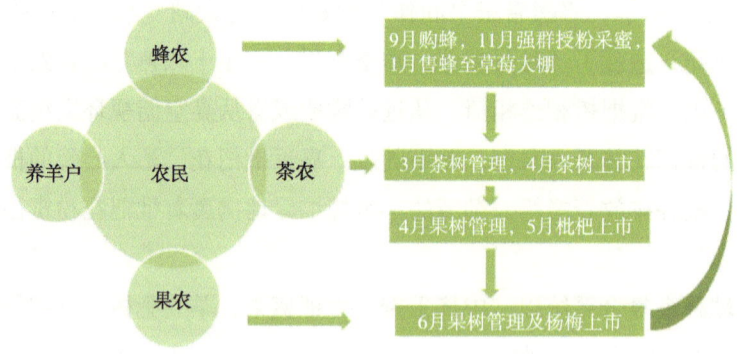

江苏省苏州市吴中区环太湖流域农耕生态循环系统时间图

生态系统服务：农耕生态循环系统的生态系统功能主要体现在以下几个方面：①对环境基本"零"污染。农耕生态循环系统中，饲养湖羊过程中产生的粪便经过发酵处理后作为枇杷种植的有机肥料，提高果品品质；茶果叶可以饲喂湖羊；秋冬，中蜂为枇杷授粉采蜜，生产优质的枇杷花蜜，对枇杷、碧螺春茶等茶果有提质增效的作用，维护太湖流域生物多样性和生态平衡。因此，生态系统中，中蜂的生态作用得以发挥，畜禽粪污得到有效利用，没有给系统外的生态环境造成污染，基本实现了"零"污染，为保护太湖流域的生态环境及经济的可持续发展发挥了重要的作用。环太湖流域林畜复合系统集中蜂和茶果间作的生态作用于一体。中蜂嗅觉灵敏度高、耐寒、适应野外生存、能抵抗胡蜂攻击，是各种被子植物的主要传粉昆虫，在与太湖流域植物长期的相互适应过程中共同进化，形成了环太湖流域丰富的植物多样性，同时也塑造了独特的中蜂种群。②水土保持作用。利用粪肥茶果间作套种，可以改变土壤的理化成分，减少水分蒸发，降低了雨水对地表面土壤的冲蚀，有效抑制地表径流的形成，从而避免地表层水土流失，减少土壤侵蚀，对保护生态环境发挥了重要作用。

此外，林畜复合系统还可以通过大大减少畜禽粪污资源排放，减少环境污染。因此，环太湖流域林畜复合系统保护与发展，对水土保持、生态平衡、消减环境污染等方面都有相当重要的作用。

（1）枇杷品种育种技术

吴中洞庭山是"枇杷之乡"，枇杷种质资源丰富。在照种等地方品种基础上，通过人工选育，育成了东山白玉、冠玉和金庭青种等枇杷良种，提高了果肉可溶性固形物含量。在枇杷园管理方面，农民于每年2月下旬至3月完成果树栽植、9月下旬至10月上旬施畜禽有机肥，果树修剪，10月下旬至11月上旬疏花穗，翌年4月上旬匀果，5月底至6月上旬，果实全部转为乳黄色后采收。

（2）中蜂育种技术

太湖流域饲养蜜蜂历史十分悠久，早在南北朝时期，《常州府记》及诸多县志中均有当地农户从事养蜂生产的描述。近些年来，当地蜂农围绕养蜂效益最大化的目标，实行"小转地繁殖、强群取蜜及售蜂授粉"半年生产、半年托养的中蜂循环式饲养，不影响当地蜂农从事茶叶及果品的生产，而养蜂收益一直居全国前列。

（3）中蜂成熟枇杷蜜生产技艺

蜂农于9月中旬购买高产、稳产、无病虫害中蜂蜂群，放在枇杷园下饲养，10月初培育适龄工蜂，枇杷花期前1周，对蜂群进行全面检查，对有2万只以上中蜂的蜂群，根据蜂箱大小，加入空脾，适时增加空间。蜂群群势应在5～6框以上。蜜源泌蜜好，以生产为主，兼顾繁殖。如遇花期干旱或长期阴雨等造成蜜源泌蜜差，则以繁殖为主，保持蜂数、饲料充足。11月下旬后，枇杷进行大流蜜期，枇杷流蜜期长，可达45天左右，取蜜原则应以尽可能取成熟蜜为主。成熟蜜标志：蜜脾基本封盖，蜂蜜浓度在41波美度以上，蜂蜜成熟期一般在12～15天。正常年份可取蜜2～3次，应将巢脾贮蜜取尽。

（4）中蜂为设施农业授粉生产技术

蜜蜂是开花植物的主要授粉昆虫。蜜蜂授粉是指以蜜蜂为媒介传播花粉，使植物实现授粉受精的过程。蜜蜂授粉技术是农业生产的重要配套措施之一。花期前1个半月准备培育适龄授粉蜂，1亩枇杷地配有的蜂群内应有1只蜂王，3脾蜂。蜜蜂作为生态指示昆虫，对农药敏感，授粉过程中要尽量使用生物或低毒农药，保证授粉群的健康。

（5）湖羊保种技术

吴中区东山镇是苏州湖羊主产区，养殖历史已有800多年，东山湖羊品种纯度高，具有良好遗传性能。羔皮有"软宝石"之称，是江苏传统的出口商品。农民素有养羊积肥的习惯，1983年10月，在吴中区东山镇建立了江苏省第一个湖羊资源保护区，2008年7月，东山湖羊资源保护区被农业部定为"国家级湖羊遗传资源保护区"。东山湖羊保护区内严禁引入外来绵羊，实行生殖隔离，经过多年来的严格执行，东山湖羊保住了这条延续800年之久的纯正血脉。

（6）茶果间作制度

五代起，大量人口向南方迁移，土地资源紧张。从唐代开始，农户把碧螺春茶树和果树交错种植，生产的茶果成为历代贡品。碧螺春茶树喜阴怕晒怕冻，果树喜光抗风耐寒，两者间作，塑造了碧螺春茶独特的花果香。茶果间作模式，丰富了生物多样性，为中蜂等野生昆虫提供了栖息地，实现茶果肥水一体化管理，节约资源，美化环境。修剪的果树枝条，是手工制茶的优质燃料，燃烧后的火土灰作为有机肥施用到茶园中，实现了养分循环利用。

3. 文化与民俗

环太湖流域林畜复合系统历经数千年的嬗变，积淀了丰厚的枇杷、中蜂和湖羊文化。枇杷原产于我国，中蜂和湖羊是我国特有的优秀畜禽种质保护资源。枇杷栽培历史和文化历史悠久，农户们（茶农、果农）在长期实践中，为祈求枇杷丰收，形成了一系列既带有科学性又带有祈求性的枇杷生产习俗。例如每年5月枇杷采摘前在东山镇双湾村举行一年一度的枇杷节，祭拜观音娘娘，祈求当年的枇杷有个好收成。此外，在每年的春节、元宵节、清明节期间，举行祭拜活动，祈求枇杷生产丰收。

"眼底江南·心上吴中"。一年一度的苏州吴中洞庭山碧螺春茶叶节暨太湖文化旅游节，以春、夏、秋、冬四季为主线，涵盖文化、美食、娱乐等多种要素，促进旅游多业态融合，塑造"大文化旅游产业"形态，打造"环太湖1号公路"生态文化旅游品牌，包括"乡村文化、山水文化、工匠文化、春茶文化"在内的四大主题，20个农文体旅融合节庆活动，为市民朋友提供丰富的文化旅游盛宴。在环太湖边建成的2个中蜂蜂旅基地（秉常中华蜜蜂村、双湾蜜蜂村），结合吴中太湖山水旅游链条，开展乡村文化生态旅游，提供情景陈列、趣味采蜜、亲子互动、蜂产品制作等蜂文化展示特色项目，提升中蜂产业价值链附加值，助力赋能乡村振兴。

东山镇国家级湖羊保护区建有国家级湖羊保种场，构建了"布局合理、规模适度、环境友好、生产先进、形态优美、产业融合"的生态畜牧业新格局；渡桥村建有湖羊科普馆，为游客提供养殖体验、羊羔认养、羊肉制作等系列湖羊文化休闲体验项目，开展多样化的羊事活动，如骑羊大赛、抓羊比赛、剪羊毛等活动，满足游客追求新奇的心理，打造开心牧场。民间有说"羊肉吃一冬，寒天不怕冻。少穿棉一层，灵活多运动；人参好补气，羊肉能补形。羊肉拌粥吃，赛过服人参"。人们每逢节庆或宴请，最后一道菜必定是白切羊肉。寒冬里，人们用荷叶包裹着热腾腾的白切羊肉，放在竹篮里售卖，彰显了勤劳和智慧。

附 录

中国的全球重要农业文化遗产（GIAHS）名录

1. 浙江青田稻鱼共生系统
2. 江西万年稻作文化系统
3. 云南红河哈尼稻作梯田系统
4. 贵州从江侗乡稻鱼鸭系统
5. 云南普洱古茶园农业系统
6. 内蒙古敖汉旱作农业系统
7. 浙江绍兴会稽山古香榧群
8. 河北宣化城市传统葡萄园
9. 陕西佳县古枣园
10. 江苏兴化垛田农业系统
11. 福州茉莉花种植与茶文化系统
12. 浙江湖州桑基鱼塘系统
13. 甘肃迭部扎尕那农林牧复合系统
14. 山东夏津黄河故道古桑树群
15. 中国南方稻作梯田（包括广西龙胜龙脊梯田、福建尤溪联合梯田、江西崇义客家梯田、湖南新化紫鹊界梯田）
16. 河北涉县旱作石堰梯田系统
17. 福建安溪铁观音茶文化系统
18. 内蒙古阿鲁科尔沁草原游牧系统
19. 浙江庆元林—菇共育系统
20. 河北宽城传统板栗栽培系统
21. 浙江仙居古杨梅群复合种养系统
22. 安徽铜陵白姜种植系统

江苏省第一批省级重要农业文化遗产名录

(专家提名制)

1. 南京高淳相国圩水利系统
2. 无锡宜兴阳羡贡茶文化系统
3. 新沂—邳州—沭阳古栗林栽培与文化系统
4. 苏州阳澄湖大闸蟹复合系统
5. 苏州甪直水八仙种植系统
6. 淮安蒲菜栽培与蒲文化系统
7. 淮安洪泽湖渔文化系统
8. 盐城大丰滩涂农业系统
9. 扬州宝应传统莲作文化系统
10. 泰州泰兴长江圩田系统

江苏省第二批省级重要农业文化遗产名录

（地方申报制）

1. 连云港赣榆区夹谷山茶果林复合系统
2. 常州焦溪二花脸猪养殖与文化系统
3. 南通海安南莫青墩圩田农业系统
4. 连云港东海老淮猪养殖与文化系统
5. 常州金坛建昌圩传统农业生产系统
6. 盐城亭湖便仓枯枝牡丹栽培与文化系统
7. 苏州市吴江区环长漾桑基鱼塘农业系统
8. 苏州吴中区环太湖流域林畜复合系统
9. 南通海门枇杷山羊种养农业系统
10. 苏州常熟鸭血糯稻作文化系统

江苏省农业文化遗产普查名录

序号	所属片区	地级市	区县	系统名称
1	苏南片区	南京市	六合区	南京六合龙池鲫鱼养殖系统
2	苏南片区	南京市	江宁区	南京江宁茶竹文化生态系统（江宁区横溪街道前石塘村，江宁街道牌坊村黄龙岘）
3	苏南片区	南京市	溧水区	南京溧水傅家边梅茶间作与茶文化系统
4	苏南片区	南京市	高淳区	南京高淳固城湖螃蟹复合系统
5	苏南片区	南京市	溧水区	南京溧水石臼湖湿地农业系统
6	苏南片区	南京市	江宁区	南京江宁稻鸭虾复合农业系统
7	苏南片区	南京市	六合区	南京六合茉莉花种植与文化系统（金牛湖周边，马鞍街道）
8	苏南片区	南京市	浦口区	南京浦口莲藕种植与文化系统
9	苏南片区	南京市	六合区	南京六合大圣水芹栽培系统
10	苏南片区	南京市	江宁区	南京江宁麻鸭养殖与文化系统
11	苏南片区	苏州市	昆山市	苏州昆山张浦黄桃栽培与文化系统
12	苏南片区	苏州市	张家港市	苏州张家港鹿苑鸡养殖与文化系统
13	苏南片区	苏州市	张家港市	苏州张家港凤凰水蜜桃复合系统
14	苏南片区	苏州市	太仓市	苏州太仓白蒜栽培与文化系统
15	苏南片区	苏州市	太仓市	苏州太仓新毛芋艿栽培与文化系统
16	苏南片区	苏州市	常熟市	苏州常熟虞山绿茶种植与茶文化系统
17	苏南片区	苏州市	虎丘区	苏州虎丘云泉茶栽培与文化系统
18	苏南片区	苏州市	虎丘区	苏州虎丘浒墅关席草种植与文化系统
19	苏南片区	苏州市	昆山市	苏州昆山稻鸭混作农业系统
20	苏南片区	苏州市	昆山市	苏州昆山湖荡圩田农业系统
21	苏南片区	苏州市	张家港市	苏州张家港长江圩田农业系统
22	苏南片区	苏州市	相城区、吴江区、常熟市	苏州塘浦圩田农业系统（相城、吴江、常熟）
23	苏南片区	苏州市	吴中区	苏州吴中光福桂花复合种养系统

(续表)

序号	所属片区	地级市	区县	系统名称
24	苏南片区	苏州市	吴中区	苏州吴中东山柑橘种植系统
25	苏南片区	苏州市	常熟市	苏州常熟松树蕈栽培与文化系统
26	苏南片区	苏州市	吴中区	苏州吴中东山湖羊养殖与文化系统
27	苏南片区	苏州市	昆山市	苏州昆山巴城镇浆麦草农耕文化系统
28	苏南片区	苏州市	昆山市	苏州昆山锦溪镇渔作农业文化系统
29	苏南片区	苏州市	昆山市	苏州昆山千灯镇大白菜种植系统
30	苏南片区	苏州市	吴江区	苏州吴江莼坪柑橘种植系统
31	苏南片区	苏州市	张家港市	苏州张家港长江三角洲白山羊养殖与文化系统
32	苏南片区	无锡市	宜兴市	无锡宜兴百合文化系统
33	苏南片区	无锡市	滨湖区	无锡滨湖大浮（马山）杨梅栽培与文化系统
34	苏南片区	无锡市	滨湖区	无锡滨湖马山山地栽培利用文化系统
35	苏南片区	无锡市	滨湖区	无锡滨湖太湖珍珠养殖系统
36	苏南片区	无锡市	锡山区	无锡锡山东北塘奶牛生态养殖系统（无锡锡山东北塘种养（蚕桑—牛）利用系统）
37	苏南片区	无锡市	江阴市	无锡江阴淡水渔业养殖系统
38	苏南片区	无锡市	滨湖区	无锡滨湖雪浪山传统茶文化系统
39	苏南片区	无锡市	宜兴市	无锡宜兴太华毛竹文化系统
40	苏南片区	常州市	金坛区	常州金坛雀舌茶种植与文化系统
41	苏南片区	常州市	金坛区	常州金坛朱林无节水芹种植系统
42	苏南片区	常州市	溧阳市	常州溧阳天目湖白茶种植与文化系统
43	苏南片区	常州市	金坛区	常州金坛建昌红香芋种植系统
44	苏南片区	常州市	溧阳市	常州溧阳白芹种植与文化系统
45	苏南片区	常州市	溧阳市	常州溧阳茅尖花红种植与文化系统
46	苏南片区	常州市	天宁区	常州天宁黄天荡清水蟹养殖与文化系统
47	苏南片区	常州市	武进区	常州武进阳湖水蜜桃栽培与文化系统
48	苏南片区	常州市	溧阳市	常州溧阳鸡林下养殖系统
49	苏南片区	常州市	溧阳市	常州溧阳青虾—大闸蟹混养系统
50	苏南片区	常州市	新北区	常州新北稻作文化系统

（续表）

序号	所属片区	地级市	区县	系统名称
51	苏南片区	常州市	溧阳市	常州溧阳鹅养殖与文化系统
52	苏南片区	镇江市	全域	镇江金山翠芽栽培与文化系统
53	苏南片区	镇江市	丹阳市	镇江丹阳陵口白萝卜种植与文化系统
54	苏南片区	镇江市	句容市	镇江句容茅山长青茶文化系统
55	苏南片区	镇江市	句容市	镇江句容茅宝葛根茶栽培与文化系统
56	苏南片区	镇江市	句容市	镇江句容金蝉花栽培与文化系统
57	苏南片区	镇江市	丹阳市	镇江丹阳蚕桑文化系统（镇江蚕桑产业文化主要集中在丹阳、丹徒和句容三个地区）
58	苏南片区	镇江市	丹阳市	镇江丹阳传统稻作与文化系统
59	苏南片区	镇江市	扬中市	镇江扬中传统秧草种植与文化系统
60	苏南片区	镇江市	句容市	镇江句容茅山鹅养殖与文化系统
61	苏南片区	镇江市	丹徒区	镇江丹徒宝堰传统稻作与文化系统
62	苏南片区	镇江市	扬中市	镇江扬中渔业养殖系统
63	苏北片区	徐州市	邳州市	徐州邳州宿羊山白蒜栽培与文化系统
64	苏北片区	徐州市	沛县	徐州沛县河口黄皮牛蒡种植与文化系统
65	苏北片区	徐州市	睢宁县	徐州睢宁岚山白山羊生态种养与文化系统
66	苏北片区	徐州市	铜山区	徐州铜山黄河故道果蔬种植与文化系统
67	苏北片区	徐州市	新沂市	徐州新沂水稻立体生态种养系统
68	苏北片区	徐州市	贾汪区	徐州贾汪大洞山石榴栽培与文化系统
69	苏北片区	徐州市	邳州市	徐州邳州银杏栽培与文化系统（铁富、港上）
70	苏北片区	连云港市	赣榆区	连云港赣榆石桥黄桃栽培与文化系统
71	苏北片区	连云港市	海州区	连云港东磊樱桃栽培与文化系统
72	苏北片区	连云港市	灌南县	连云港灌南淮山药种植与文化系统
73	苏北片区	连云港市	灌云县	连云港灌云豆丹生态种养系统
74	苏北片区	连云港市	海州区	连云港海州云台山传统茶文化系统
75	苏北片区	连云港市	海州区	连云港海州花果山（东磊）传统竹文化系统
76	苏北片区	连云港市	海州区	连云港海州传统稻作与文化系统
77	苏北片区	连云港市	东海县、赣榆区	连云港东海（赣榆）苏北毛驴养殖与文化系统

（续表）

序号	所属片区	地级市	区县	系统名称
78	苏北片区	宿迁市	沭阳县	宿迁沭阳板栗种植与文化系统
79	苏北片区	宿迁市	沭阳县	宿迁沭阳花木栽培与文化系统
80	苏北片区	宿迁市	泗洪县	宿迁泗洪魏营传统麦与西瓜栽培系统
81	苏北片区	宿迁市	泗洪县	宿迁泗洪稻鱼虾复合农业系统
82	苏北片区	宿迁市	宿豫区	宿迁宿豫大兴瓜蒌种植与文化系统
83	苏北片区	宿迁市	宿城区	宿迁宿城支口山楂种植与文化系统
84	苏北片区	宿迁市	沭阳县	宿迁沭阳高墟传统稻作与文化系统
85	苏北片区	淮安市	全域	淮安黑猪传统养殖系统
86	苏北片区	淮安市	洪泽区	淮安洪泽区岔河（白马湖）稻田立体种养系统
87	苏北片区	淮安市	金湖县	淮安金湖藕虾套养系统
88	苏北片区	淮安市	盱眙县	淮安盱眙龙虾养殖与文化系统
89	苏北片区	淮安市	涟水县	淮安涟水安东萝卜种植与文化系统
90	苏北片区	盐城市	射阳县	盐城射阳秋白梨种植系统
91	苏北片区	盐城市	亭湖区	盐城亭湖丹顶鹤驯养与繁育系统
92	苏北片区	盐城市	大丰区	盐城大丰麋鹿驯养与文化系统
93	苏北片区	盐城市	建湖县	盐城建湖稻虾种养系统
94	苏北片区	盐城市	滨海县	盐城滨海海盐制作与盐文化系统
95	苏北片区	盐城市	亭湖区	盐城亭湖黄海湿地农业系统
96	苏北片区	盐城市	阜宁县	盐城阜宁稻作与文化系统
97	苏北片区	盐城市	亭湖区	盐城亭湖湖羊养殖与文化系统
98	苏中片区	扬州市	宝应县	扬州宝应核桃乌青菜种植系统
99	苏中片区	扬州市	江都区	扬州江都邵伯菱种植系统
100	苏中片区	扬州市	宝应县	扬州宝应泾河西瓜轮作种植系统
101	苏中片区	扬州市	仪征市	扬州仪征紫菜薹与水稻轮作系统
102	苏中片区	扬州市	宝应县	扬州宝应莲藕慈姑鱼复合系统
103	苏中片区	扬州市	江都区	扬州江都花木栽培与文化系统
104	苏中片区	扬州市	高邮市	扬州高邮鸭养殖与文化系统
105	苏中片区	泰州市	靖江市	泰州靖江香沙芋栽培系统

（续表）

序号	所属片区	地级市	区县	系统名称
106	苏中片区	泰州市	高港区	泰州高港银杏栽培系统
107	苏中片区	泰州市	泰兴市	泰州泰兴江沙蟹养殖与文化系统
108	苏中片区	泰州市	高港区	泰州高港河蟹养殖与文化系统
109	苏中片区	泰州市	姜堰区	泰州姜堰传统稻作农业系统
110	苏中片区	泰州市	泰兴市	泰州泰兴旱作农业系统
111	苏中片区	泰州市	姜堰区	泰州姜堰溱湖湿地农业系统
112	苏中片区	南通市	通州区	南通通州骑岸大方柿栽培系统
113	苏中片区	南通市	如皋市	南通如皋下原蘘荷种植系统
114	苏中片区	南通市	海门区	南通海门万年香沙芋艿栽培与文化系统
115	苏中片区	南通市	如东县	南通如东狼山鸡养殖与文化系统
116	苏中片区	南通市	如皋市	南通如皋盆景（花木）栽培与文化系统
117	苏中片区	南通市	如东县	南通如东大豫殖垦牧系统
118	苏中片区	南通市	海门区	南通海门大红袍赤豆与玉米间作系统
119	苏中片区	南通市	如东县	南通如东文蛤—东条斑紫菜种养系统
120	苏中片区	南通市	启东市	南通启东吕四渔业捕捞系统
121	苏中片区	南通市	海门区	南通海门山羊养殖与文化系统